普通高等院校"十二五"规划教材

Computer

大学计算机

——计算思维与应用

DAXUE JISUANJI

JISUAN SIWEI YU YINGYONG

◇主　编　谢　翌　江渝川

◇副主编　孙宝刚　邱红艳

　　　　　任淑艳　秦晓江

◇编　者　田　鸿　杨芳权

重庆大学出版社

内容提要

　　本书共有 8 章,分为 5 个模块:第一模块(第 1—2 章)讲述了计算机的一些前沿技术,同时对计算思维基础进行了讲述;第二模块(第 3—5 章)是本书的核心部分,本书提出了 3 种解决问题的思维方法,即程序思维、逻辑思维、数据规划,通过实例让读者在练习中提升思维能力,再运用到生活中,加深印象;第三模块(第 6 章)主要阐述了智能的概念,让读者明白智能是什么,从哪儿来,怎么实现的。第四模块(第 7 章)主要针对现在不断涌现的网络问题,进行讨论并纠正;第五模块(第 8 章)针对前面所学习的知识进行综合的练习。

图书在版编目(CIP)数据

　　大学计算机:计算思维与应用／谢翌,江渝川主编.
—重庆:重庆大学出版社,2017.1
　　ISBN 978-7-5689-0333-2

　　Ⅰ.①大…　Ⅱ.①谢…②江…　Ⅲ.①电子计算机—
高等学校—教材　Ⅳ.①TP3

　　中国版本图书馆 CIP 数据核字(2016)第 321685 号

大学计算机
——计算思维与应用
主　编　谢　翌　江渝川
责任编辑:章　可　　版式设计:叶抒扬
责任校对:贾　梅　　责任印制:张　策

*

重庆大学出版社出版发行
出版人:易树平
社址:重庆市沙坪坝区大学城西路 21 号
邮编:401331
电话:(023)88617190　88617185(中小学)
传真:(023)88617186　88617166
网址:http://www.cqup.com.cn
邮箱:fxk@ cqup.com.cn(营销中心)
全国新华书店经销
重庆市正前方彩色印刷有限公司印刷

*

开本:787mm×1092mm　1/16　印张:11　字数:231千
2017 年 1 月第 1 版　　2017 年 1 月第 1 次印刷
ISBN 978-7-5689-0333-2　定价:29.00 元

随着科学技术的飞速发展,新概念和新技术不断涌现,"云计算""物联网""大数据"开始出现在人们的生活中,这标志着当今社会已经步入了一个飞速发展的信息时代。同时,"互联网+"概念的提出更是将计算机应用和各行各业紧密地结合在一起,培养学生"计算思维"能力,已经出现在许多高校的人才培养方案里,许多高校都将计算思维纳入了基础教学的课程中,内容也不断推陈出新。因其着重于大学生的思维训练,并且与计算机相关知识结合紧密,属于公共计算机基础通识课程。编者根据教育部计算机基础教学指导委员会发布的《关于进一步加强高等学校计算机基础教学的意见》和《高等学校非计算机专业计算机基础课程教学基本要求》,结合《中国高等院校计算机基础教育课程体系》报告,编写了本书。

计算思维是运用计算机科学的基础概念进行问题求解、系统设计以及人类行为理解的思维活动,它反映了计算机学科最本质的特征和最核心的解决问题的方法。计算思维旨在提高学生的信息素养,培养学生发明和创新的能力及处理计算机有关问题时应有的思维方法、表达形式和行为习惯。计算思维在一定程度上像是教学生"怎么像计算机科学家一样思维",这应当作为计算机基础教学的主要任务,可作为计算机专业和非计算机专业新生的计算机基础教学内容来教授。本书兼顾了不同专业、不同层次学生的需求,加强了对思维方式训练的内容,使读者解决问题的能力得到提高。

本书共有8章,分为5个模块:第一模块(第1—2章)讲述了计算机的一些前沿技术,同时对计算思维基础进行了讲述;第二模块(第3—5章)是本书的核心部分,本书提出了3种解决问题施思维方法,即程序思维、逻辑思维、数据规划,通过实例提升读者的思维能力,再运用到生活中,加深印象;第三模块(第6章)主要阐述了智能的概念,让读者明白智能是什么、从哪儿来、怎么实现的;第四模块(第7章)主要针对现在不断涌现的网络问题进行讨论并纠正;第五模块(第8章)针对前面所学习的知识进行综合练习。通过本书的学习,读者可以掌握基本的计算思维方式,并能熟练运用到生活、工作中去。

本书由重庆人文科技学院谢翌、江渝川担任主编,重庆人文科技学院孙宝刚、邱红艳、任淑艳、秦晓江担任副主编,谢翌确定了总体方案及制定编写大纲、目录,负责统稿和定稿工作,江渝川参与了初稿的全部审阅工作。各章编写分工如下:第1章由田鸿编写,第2章由秦晓江编写,第3章由江渝川编写,第4章由谢翌编写,第5章由孙宝刚编写,第6章由杨芳权编写,第7章由邱红艳编写,第8章由任淑艳编写。感谢重庆人文科技学院孙宝刚、江渝川、秦晓江、任淑艳、邱红艳、田鸿、杨芳权等多位教师能够结合多年在教学一线的教学实践经验,为本书的编写提供很多宝贵的建议和支持。

由于计算机科学技术的快速发展,书中难免存在不足之处,欢迎广大读者批评、指正。

编　者

2016 年 9 月

第7章　网络文化与计算机职业道德教育

第8章　计算思维综合实例

第1章 计算机前沿技术

1.1 物联网

近年来,正像"物联网"(The Internet of Things)所推崇的无处不在,其概念已成为无处不在的热点词汇。从一般性的网站、技术报刊、行业报刊,到机上读物、广告宣传以及技术论坛、行业评估、股票等,无不铺天盖地地在热议"物联网"。

1.1.1 什么是物联网

物联网和互联网有着本质的区别。例如,用户想在互联网上了解一个物品,必须先搜集这个物品的相关信息,然后在互联网上搜索浏览,用户在其中需做很多工作,且难以动态了解物品的变化。物联网则不需要,它让物体"说话",通过在物体上植入各种微型感应芯片,并借助无线通信网络,与现在的互联网相互连接,让其"开口说话"。因此,互联网是连接的虚拟世界,物联网则是连接真实的物理世界。

物联网的定义是:通过射频识别(RFID)、红外感应器、全球定位系统、激光扫描等信息传感设备,按约定的协议,把任何物品与互联网连接起来,进行信息交换和通信,以实现智能化识别、定位、跟踪、监控和管理的一种网络。

物联网就是"物物相连的互联网",这有两层意思:第一,物联网的核心和基础仍然是互联网,是在互联网基础上的延伸和扩展的网络;第二,其用户端延伸和扩展到了任何物品与物品之间,进行信息交换和通信。物联网应用范围如图 1.1 所示。

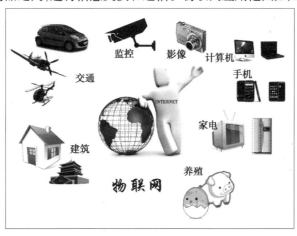

图 1.1 物联网的应用范围

1

1.1.2 物联网的起源

物联网的概念是在 1999 年提出的,在美国召开的移动计算和网络国际会议提出"传感网是下一个世纪人类面临的又一个发展机遇"。

2003 年,美国《技术评论》杂志提出传感网络技术将是未来改变人们生活的十大技术之首。

2005 年 11 月 17 日,在突尼斯举行的信息社会世界峰会(WSIS)上,国际电信联盟(ITU)发布了《ITU 互联网报告 2005:物联网》,正式提出了"物联网"的概念。报告指出,无处不在的"物联网"通信时代即将来临,世界上所有的物体从轮胎到牙刷、从房屋到纸巾都可以通过因特网主动进行交换。

2009 年 1 月 28 日,奥巴马就任美国总统后,与美国工商业领袖举行了一次"圆桌会议",作为仅有的两名代表之一,IBM 首席执行官彭明盛首次提出"智慧地球"这一概念,建议新政府投资新一代的智慧型基础设施。

2009 年 2 月 24 日消息,IBM 大中华区首席执行官钱大群在 2009 IBM 论坛上公布了名为"智慧的地球"的最新策略。

此概念一经提出,即得到美国各界的高度关注。IBM 认为,IT 产业下一阶段的任务是把新一代信息技术充分运用在各行各业之中,具体地说,就是把感应器嵌入和装备到电网、铁路、桥梁、隧道、公路、建筑、供水系统、大坝、油气管道等各种物体中,并且被普遍连接,形成物联网。

1.1.3 物联网的应用

随着 2009 年初美国在 IBM 公司的倡议下,将物联网正式引入美国国家战略在全球掀起了一阵物联网热浪。欧盟、日本、韩国、中国等纷纷跟进,将物联网作为各自信息产业领域的国家级战略,物联网也有望成为继计算机、互联网之后的世界信息产业的第三次浪潮。那么,物联网的主要应用包括什么,将给人们的生产、生活带来怎样的影响呢?

1.智能家居

智能家居产品融合自动化控制系统、计算机网络系统和网络通信技术于一体,将各种家庭设备(如音频设备、照明系统、窗帘控制、空调控制、安防系统、数字影院系统、网络家电等)通过智能家庭网络联网实现自动化,通过通信运营商的固定网络和 4G 无线网络,可以实现对家庭设备的远程操控。与普通家居相比,智能家居不仅能提供舒适宜人且高品位的家庭生活空间,实现更智能的家庭安防系统,还将家居环境由原来的被动静止结构转变为具有能动智慧的工具,提供全方位的信息交互功能。

2.智能医疗

智能医疗系统借助简易实用的家庭医疗传感设备,对家中病人或老人的生理指标进行自测,并将生成的生理指标数据通过通信运营商的固定网络或 4G 无线网络传送到护理人或有关医疗单位。智能医疗系统真正解决了现代社会子女们因工作忙碌无暇照顾家中老人的无奈,做到了可以随时关注老人的身体状况。

3. 智能城市

智能城市包括对城市的数字化管理和城市安全的统一监控。前者利用"数字城市"理论,基于 3S(地理信息系统系统 GIS、全球定位系统 GPS、遥感系统 RS)等关键技术,深入开发和应用空间信息资源,建设服务于城市规划、城市建设和管理,服务于政府、企业、公众,服务于人口、资源环境、经济社会的可持续发展的信息基础设施和信息系统。后者基于宽带互联网的实时远程监控、传输、存储、管理的业务,利用无处不达的宽带和 4G 网络,将分散、独立的图像采集点进行联网,实现对城市安全的统一监控、统一存储和统一管理,为城市管理和建设者提供一种全新、直观、视听觉范围延伸的管理工具。

4. 智能环保

智能环保产品以实现对水质的实时监测和远程监控,及时掌握主要流域重点断面水体的水质状况,预警预报重大或流域性水质污染事故,解决跨行政区域的水污染事故纠纷,监督总量控制制度落实情况。

5. 智能交通

智能交通系统包括公交行业无线视频监控平台、智能公交站台、电子票务、车管专家和公交手机一卡通五种业务。

公交行业无线视频监控平台利用车载设备的无线视频监控和 GPS 定位功能,对公交车运行状态进行实时监控。

智能公交站台通过媒体发布中心与电子站牌的数据交互,实现公交调度信息数据的发布和多媒体数据的发布功能,还可以利用电子站牌实现广告发布等功能。

电子票务是二维码应用于手机凭证业务的典型应用,是以手机为平台、手机身后的移动网络为媒介,通过特定的技术实现完成凭证功能。

车管专家通过将车辆测速系统、高清电子警察系统的车辆信息实时接入车辆管控平台,同时结合交警业务需求,基于 GIS 地理信息系统通过 4G 无线通信模块实现报警信息的智能、无线发布,从而快速处置违规车辆。

公交手机一卡通将手机终端作为城市公交一卡通的介质,除完成公交刷卡功能外,还可以实现小额支付,空中充值等功能。

6. 智能农业

智能农业产品通过实时采集温室内温度、湿度信号以及光照、土壤温度、CO_2 浓度、叶面温度、露点温度等环境参数,自动开启或者关闭指定设备。可以根据用户需求,随时进行处理,为实施农业综合生态信息自动监测、自动控制和智能化管理提供科学依据。

7. 智能物流

智能物流打造了集信息展现、电子商务、物流配载、仓储管理、金融质押、园区安保、海关保税等功能为一体的物流园区综合信息服务平台。信息服务平台以功能集成、效能综合为主要开发理念,以电子商务、网上交易为主要交易形式,建设了高标准、高品位的综合信息服务平台,并为金融质押、园区安保、海关保税等功能预留了接口,可以为园区客户及管理人员提供一站式综合信息服务。

8.智能校园

校园手机一卡通主要实现功能包括:电子钱包、身份识别和银行圈存。电子钱包即通过手机刷卡实现校内消费;身份识别包括门禁、考勤、图书借阅、会议签到等;银行圈存即实现银行卡到手机的转账充值、余额查询。

智能校园可以帮助学校实现学生管理电子化,教师排课办公无纸化和学校管理系统化,使学生、家长、学校三方可以时刻保持沟通,方便家长及时了解学生学习和生活情况,通过一张薄薄的"学籍卡",真正达到了对未成年人日常行为的精细管理,最终达到学生开心、家长放心、学校省心的效果。

9.智能电网

电力系统是一个复杂的网络系统,其安全可靠运行不仅可以保障电力系统的正常运营与供应,避免安全隐患所造成的重大损失,更是全社会稳定健康发展的基础。采用物联网技术可以全面有效地对电力传输的整个系统,从电厂、大坝、变电站、高压输电线路直至用户终端进行智能化处理,包括对电力系统运行状态的实时监控和自动故障处理,确定电网整体的健康水平,触发可能导致电网故障发生的早期预警,确定是否需要立即进行检查或采取相应的措施,分析电网系统的故障、电压降低、电能质量差、过载和其他不希望的系统状态,基于这些分析,采取适当的控制行动。物联网在电力系统的应用包括智能电网、路灯智能管理和智能抄表等。

10.国防军事

可以设想,在国防科研、军工企业及武器平台等各个环节与要素设置标签读取装置,通过无线和有线网络将其连接起来,那么每个国防要素及作战单元甚至整个国家军事力量都将处于全信息和全数字化状态。大到卫星、导弹、飞机、舰船、坦克、火炮等装备系统,小到单兵作战装备,从通信技术侦察系统到后勤保障系统,从军事科学试验到军事装备工程,其应用遍及战争准备、战争实施的每一个环节。可以说,物联网扩大了未来作战的时域、空域和频域,对国防建设各个领域产生了深远影响,将引发一场划时代的军事技术革命。

当然,物联网的应用并不局限于上面的领域,用一句形象的话来说,就是"网络无所不达,应用无所不能"。但有一点是值得我们肯定的,那就是物联网的出现和推广必将极大地改变人们的生活。

1.2 "云计算"时代

"云计算"(Cloud Computing)时代简称云时代,"云计算"是时下 IT 界最热门、最时髦的词汇之一。全球经济危机下,如何降低 IT 企业运作成本的研究持续升温,更使"云计算"炙手可热。但是,什么是"云计算"? 这恐怕还是一个让大多数人如坠云里的概念。

1.2.1 什么是"云计算"

1."云"概述

"云"即是计算机群,每一群包括了几十万台,甚至上百万台计算机。"云"的好处在于,计算机可以随时更新,保证"云"长生不老。谷歌就有好几个这样的"云",如微软、雅虎、亚马逊(Amazon)也有或正在建设这样的"云"。届时,只需要一台能上网的计算机,无需关心存储或计算发生在哪朵"云"上,一旦有需要,可以在任何地点用任何设备,如计算机、手机等,快速地计算和找到所需的资料,再也不用担心资料丢失,如图 1.2 所示。

图 1.2　云时代效果图

2."云计算"的定义

"云计算"是对基于网络的、可配置的共享计算资源池能够方便的、随需访问的一种模式。它将计算机任务分布在大量计算机构成的资源池上,使各种应用系统能够根据需要获取计算力、存储空间和各种软件服务。这些资源池以最小化的管理或者通过与服务商的交互可以快速地提取和释放。

3."云计算"的基本特征

● 按需自助服务。消费者无需同服务提供商交互就可以自动地得到自助的计算资源能力,如服务器的时间、网络存储等。

● 无所不在的网络访问。借助于不同的客户端来通过标准的应用对网络访问的可用能力。

● 划分独立资源池。根据消费者的需求来动态地划分或释放不同的物理和虚拟资源,这些池化的供应商计算资源以多租户的模式来提供服务。用户经常并不控制或了解这些资源池的准确划分,但可以知道这些资源池在哪个行政区域或数据中心,如包括存储、计算处理、内存、网络带宽以及虚拟机个数等。

● 快速弹性。一种对资源快速和弹性提供并且同样对资源快速和弹性释放的能力。对消费者来讲,所提供的这种能力是无限的(随需的、大规模的计算机资源),并且在任何时间以任何量化方式购买的。

● 服务可计量。云系统对服务类型通过计量的方法来自动控制和优化资源使用(如存储、处理、带宽以及活动用户数)。资源的使用可被监测、控制以及对供应商和用户提供透明的报告(即付即用的模式)。

1.2.2 "云计算"的历史

早在 20 世纪 60 年代,麦卡锡(John McCarthy)就提出了把计算能力作为一种像水和电一样的公用事业提供给用户。"云计算"的第一个里程碑是,1999 年 Salesforce.com 提出的通过一个网站向企业提供企业级应用的概念。另一个重要进展是 2002 年亚马逊(Amazon)提供了一组包括存储空间、计算能力甚至人工智能等资源服务的 Web Service。2005 年亚马逊又提出了弹性计算云(Elastic Compute Cloud,也称亚马逊 EC2)的 Web Service,允许小企业和私人租用亚马逊的计算机来运行他们自己的应用。

1.2.3 "云计算"的应用

从图灵计算到网格计算,我们看到了技术推动的力量;从社会与经济的发展,我们看到了需求牵引的力量。在这两种力量的作用下,社会化、集约化和专业化的"云计算"加速走向服务共享,并普及大众、惠及全民。因此,"云计算"已经不再只是概念,它正在提供越来越多的服务。

1.Webmail 服务

电子邮箱自诞生之日起就是互联网的基础应用之一,它弥补了一般邮政和电话通信的不足,极大地满足了信息社会中大量存在的人与人通信的需求。Eudora 是第一个有图形界面的电子邮件管理系统,而基于万维网的电子邮件服务 Webmail 的诞生,使得人们可通过任何联网计算机获得邮件服务。

2.网络搜索服务

目前,搜索引擎是互联网网民使用最广泛的服务,仅在我国就有近 3 亿搜索引擎用户。万维网出现之前,为查找网络上的文件,1990 年初曾出现过 Archie、Gopher 等搜索工具。1998 年 9 月,Google 诞生,它以网页分级(PageRank)技术为基础,大大增强了搜索结果的相关性,成为目前世界上最流行的搜索引擎之一。为了处理来自全世界的网页和搜索需求,Google 利用上百万台的廉价服务器组建了它的"云"网络,并摸索出一套适合的云计算技术。

3.电子商务服务

电子商务已经逐步成为我国核心消费人群重要的消费渠道,据相关调查表明,2014 年我国总计有 3.6 亿消费者在网上购物,成交额高达 2.8 万亿元。无论是 B2B、C2C,还是 B2C 模式,都在基于互联网的电子商务大潮中各领风骚。曾经带来困扰的诚信、网上支付和物流等问题也逐渐得以解决。人们从对网络购物的新奇到自己尝试在网上开店,渐渐信任与习惯网络交易这种形式。电子商务为基于互联网的"云计算"服务培养了消费习惯和群众基础。

4.网络相册服务

随着数码摄影技术的进步,数码相机、拍照手机、各类摄像头随处可见,同时人们也逐渐被平时拍摄的无数数码照片所困扰。如何有效地存储和共享这些照片成为新的市场关注点,数码伴侣、数码相框等存储产品不断问世,但是这些产品不能满足人们对图片共享的需求,不可避免地日渐式微。网络相册很好地解决了与朋友、家人们一起在网站、社区、讨论区分享照片的问题。

4G 无线时代的到来,使得手机拍摄的照片能第一时间上传到网络,很多"抢鲜版"的新闻图片正是这样产生的,如此一来,前端的影像终端和后台的存储、处理、交流等云服务完美地关联起来,针对图像服务的云计算也就大行其道。

5.维基百科服务

2001 年,维基百科(Wikipedia)正式上线发布。其目标及宗旨是为全人类提供自由的百科全书——由大众书写的、动态的、可自由访问和编辑的全球知识体,因此也被称为"人民的百科全书"。维基百科的实质是一种网络化的群体智能。群体智能是通过模拟自然界生物群体行为来实现人工智能的一种方法,这种群体行为表现为无集中控制、利用非直接通信的方式进行信息的传输与合作、可扩展性强、个体行为规则简单而群体行为涌现、群体具有自组织性等。这种群体智能是公众在网络上不断交互与沟通的过程中所涌现的智能,能够吸收和利用参与者所贡献出来的某种认知能力,并体现出稳定的统计特性或涌现结构。基于互联网的多向交互性,维基百科为人们提供了一个巨大的群体智能的实现环境,也成为对"云计算"的大众参与特性的最好诠释。

6.社交网络服务

面向公众的互联网进入"云计算"时代,在特定情境和主题下,个体构成的形形色色的社区依托于"云计算"平台,实现信息的分享和交互,形成互联网上的社交网络。社交网络是社会性网络服务(Social Networking Services,SNS)的简称,它基于互联网,为网民提供各种分享与交互的互联网应用服务。电子邮件、新闻组、电子布告栏及后来的即时通信、网络论坛等服务提供了最初的互联网交互手段,博客、网摘、网络书签、维基百科等 Web 2.0 的网络服务提高了人们使用互联网的积极性,这些服务带来了互联网内容的繁荣和数据量的剧增。其后的微博、微信等社交网站正是在整合这些服务的基础上,开创了一个互联网的社交时代。

1.2.4 "云计算"下的隐私问题

尽管使用"云计算"服务的好处听起来如此诱人,但更多人却抱以观望的态度。这种谨慎来自于对安全问题的考虑。云计算意味着数据被转移到用户主权掌控范围外的机器上,也就是云计算服务提供商的手中。那么,如何保证这些数据的安全性?

1. 云计算中用户的安全需求

● 执行安全需求，即用户的任务能够在可信的执行环境中正确地完成。

● 数据安全需求，即用户的隐私数据不会被第三方及恶意的云服务提供商所窃取。

● 服务安全需求，即用户能够在任何时间、任何地点无缝地接入云服务，并且接入全过程安全、可靠和可验证。

在上述需求中，由于云计算的外包特性，用户的数据全部存储于云端，所以数据安全是核心。

用户的数据安全包含以下三个方面。

● 隐私性。用户的数据是私密的，不能被其他公司或个人（包括云服务提供商）所窃取。

● 完整性。用户的数据是完备的、可信的，不能遭遇丢失或者未经授权的修改。同时，用户对数据的修改、删除等操作最终能够真正被执行。

● 一致性。用户的数据是统一的，不同的授权用户对同一份数据的访问结果应当相同。

2. 威胁模型

对云安全的威胁可以根据攻击者的来源划分为来自云内部的威胁和来自云外部的威胁。

● 来自云内部的威胁，是指云平台的管理员甚至是云服务提供商本身可能窥探用户的隐私。

● 来自云外部的威胁，包括现有的常规攻击及由云计算特征产生的旁路攻击和对虚拟机监控器的攻击等。

来自云内部的威胁是云计算所特有的威胁，云计算的用户的隐私数据和执行代码都保存和运行在云服务提供商的机器中，这是产生云内部威胁的源泉。来自云外部的威胁可以是来自互联网，虚拟化层攻击者可以通过虚拟化层的漏洞反向攻击并劫持虚拟机监控器，从而窃取其他用户的隐私。

3. 云安全的支撑技术问题

由于云计算环境的动态性和复杂性，传统的安全手段不能满足云环境中用户的需求，如互联网中广泛应用的防火墙和网关杀毒等。

（1）防火墙

防火墙主要执行访问控制，防止恶意和未经授权的流量进入内网。网关杀毒产品主要负责扫描网络流量和文件内容，查杀木马、病毒等恶意代码。由于多个不同用户的虚拟机可能共享一台物理主机，传统的防火墙很难插入虚拟机进行访问控制。又由于在云环境中虚拟机随时被创建和销毁，而且恶意的用户也可以租用虚拟机，所以在这种环境下，网络隔离也成为一个巨大的难题。

（2）虚拟层的接入将造成新的安全隐患

目前安全产品是基于传统软件栈设计和构建的,虚拟化层的加入将有可能造成新的安全隐患产生,如虚拟机间的通信也许不能被监控软件察觉到。除此之外,互联网中现有的安全问题将同样威胁到"云计算"平台,甚至通过虚拟化层的传播可能使一个漏洞产生更广泛的影响。如果一台服务器遭受到了攻击,虚拟机监控器被攻击者劫持,那么在其上运行的所有虚拟机中的数据和应用都将毫无安全性可言。

（3）云计算的新特征带来了新问题

除了传统的安全问题,云计算的新特性也带来了新的问题和挑战,例如,利用共享资源的旁路攻击、对于虚拟化层的攻击、数据应用迁移中的安全性的保护、动态复杂云环境中的可信问题等。

4.用户数据隐私保护

在来自互联网的威胁中,由于"云计算"的规模特性使得传统的攻击手段造成的后果可能更为严重。例如,在云环境中,一旦云平台被攻破,其上所有的虚拟机都将丧失保护。另外,由于云计算平台的开放性,运行在其上的所有软件都可能成为攻击的目标,使得攻击面也随之增大。由于虚拟机监控器及相应的软件的复杂度和代码行数的不断增加,虚拟化层的漏洞也在不断增多。如何保护隐私数据不受到云内外攻击的威胁,如何保护用户数据不被非法篡改和窃取是当前必须研究的一个重要问题。

对于隐私数据的保护存在如下问题：

①云计算中敏感数据和非敏感数据混杂存储,不同虚拟机共享同样的存储介质,难以进行权限控制。

②云服务提供商盗窃用户的隐私数据。

③用户外包数据的控制权,致使隐私数据的完整性难以保证。

用户的隐私数据可以细化为静态数据和动态数据两种。静态数据是指用户的文档、报表、资料等不参与计算的隐私信息;动态数据则是指需要动态验证或参与计算的数据。面对用户静态数据隐私泄露问题,使用数据加密技术是一个简捷而有效的方法。用户可以使用加密机制对数据进行加密;并将加密后的数据保存在云端。另一个解决方法是在云端使用加密文件系统,这样可以保证在磁盘中的文件均以密文保存。然而这种先加密再存储的方法只适用于静态的数据,不适用参与运算的动态的数据,因为动态数据需在 CPU 和内存中以明文形式存在。迄今为止,对于用户动态数据隐私保护还没有一种彻底的完美解决方案。

1.3　大数据

互联网、移动互联网、物联网、云计算的快速兴起,以及移动智能终端的快速发展,造成当前数据增长的速度比人类社会以往任何时候都要快。数据规模变得越来越大,内容越来越复杂,更新速度越来越快,数据特征的演化和发展催生出了一个新的概念——大数据。

1.3.1 什么是大数据

大数据是指数据规模大,尤其是因为数据形式多样性、非结构化特征明显,导致数据存储、处理和挖掘异常困难的那类集。大数据需要管理的数据集规模很大,数据的增长快速,类型繁多,如文本、图像和视频等。处理包含数千万个文档、数百万张照片或者工程设计图的数据集等,如何快速访问数据成为核心挑战。大数据是指无法用常规的软件工具捕捉、处理的数据集合,即大数据 Big-Data = $\{S_1, S_2, S_3\}$,其中,S_1 代表结构化数据集,S_2 代表非结构化数据集,S_3 代表半结构化数据集。大数据是指 $\{S_1, S_2, S_3\}$ 所占的存储空间达到 PB 数量级($1\ YB = 2^{10}\ ZB = 2^{20}\ EB = 2^{30}\ PB = 2^{40}\ TB = 2^{50}\ GB$)。

1.3.2 大数据的特征和意义

1. 大数据的特征

IBM 公司认为大数据具有 3V 特点,即规模性(Volume)、多样性(Variety)和实时性(Velocity),但是这没有体现出大数据的巨大价值。以 IDC(Internet Data Center)为代表的业界则认为大数据具备 4V 特点,即在 3V 的基础上增加价值性(Value),表示大数据虽然价值总量高但其价值密度低,以视频为例,连续不间断监控过程中,可能有用的数据仅仅有一两秒。所以,目前人们公认的是大数据有 4 个基本特征:数据规模大、数据种类多、处理速度快及数据价值密度低,如图 1.3 所示。

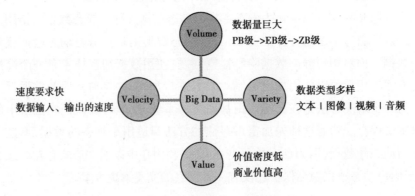

图 1.3 大数据的 4V 特征

(1)数据规模大

数据量大是大数据的基本属性,随着互联网技术的广泛应用,互联网的用户急剧增多,数据的获取、分享变得相当容易。在以前,也许只有少量的机构会付出大量的人力、财力成本,通过调查、取样的方法获取数据,而现在,普通用户也可以通过网络非常方便地获取数据。此外,用户的分享、点击、浏览都可以快速地产生大量数据,大数据已从 TB 级别跃升到 PB 级别。当然,随着技术的进步,这个数值还会不断变化。也许 5 年以后,只有 EB 级别的数据量才能够称得上是大数据了。

（2）数据种类多

除了传统的销售、库存等数据外,现在企业所采集和分析的数据还包括像网站日志数据、呼叫中心通话记录、微博和微信等社交媒体中的文本数据、智能手机中内置的 GPS（全球定位系统）所产生的位置信息、时刻生成的传感器数据等。数据类型不仅包括传统的关系数据类型,也包括未加工的、半结构化和非结构化的信息,如以网页、文档、E-mail、视频、音频等形式存在的数据。

（3）处理速度快

数据产生和更新的频率也是衡量大数据的一个重要特征。1 秒定律,这是大数据与传统数据挖掘相区别的最显著特征。例如,全国用户每天产生和更新的微博、微信和股票信息等数据,随时都在传输,这就要求处理数据的速度必须非常快。

（4）数据价值密度低

数据量在呈现几何级数增长的同时,这些海量数据背后隐藏的有用信息却没有呈现相应比例的增长,反而是获取有用信息的难度不断加大。例如,现在很多地方安装的监控使得相关部门可以获得连续的监控视频信息,这些视频信息产生了大量数据,但是,有用的数据可能仅有一两秒钟。因此,大数据的 4V 特征不仅仅表达了数据量大,而且在对大数据的分析上也将更加复杂,更看中速度与时效。

2.大数据的意义

大数据的意义归根到底就 4 个字:辅助决策。利用大数据分析,能够总结经验、发现规律、预测趋势,这些都可以为辅助决策服务。我们掌握的数据信息越多,我们的决策才能更加科学、精确、合理。从这个方面看,也可以说数据本身不产生价值,大数据必须和其他具体的领域、行业相结合,能够给企业决策提供帮助之后,才有价值。很多企业都可以借助大数据,提升管理、决策水平和经济效益。

1.3.3　大数据的结构

1.大数据的结构类型

大数据可具有多种形式,从高度结构化的财务数据,到文本文件、多媒体文件和基因定位图的任何数据,都可以称为大数据,数据量大是大数据的一大特征。由于数据自身的复杂性,作为一个必然的结果,处理大数据的首选方法就是在并行计算的环境中进行大规模并行处理（Massively Parallel Processing,MPP）,这使得同时发生的并行摄取、并行数据装载和分析成为可能。实际上,大多数的大数据都是非结构化或半结构化的。这需要不同的技术和工具来处理和分析。

让我们来剖析大数据突出的特征:它的结构。表 1.1 显示了几种不同数据结构类型的数据的关系。

表 1.1　结构化数据、非结构化数据和半结构化数据的比较

对比项	结构化数据	非结构化数据	半结构化数据
定义	具有数据结构描述信息的数据	不方便用固定结构来表现的数据	处于结构化数据和非结构化数据之间的数据
结构与内容的关系	先有结构,再有数据	只有数据,无结构	先有数据,再有结构
示例	各类表格	图形、图像、音频、视频信息	HTML 文档,它一般是自描述的,数据的内容与结构混在一起

虽然表 1.1 显示了 3 种不同的、相分离的数据类型,而实际上,有时这些数据类型是可以被混合在一起的。例如,有一个传统的关系数据库管理系统保存着一个软件支持呼叫中心的通话日志,这里有典型的结构化数据,如日期/时间戳、机器类型、操作系统,这些都是在线支持人员通过图形用户界面上的下拉式菜单输入的。另外,还有非结构化数据或半结构化数据,如自由形式的通话日志信息,这些可能来自包含问题的电子邮件,或者关于技术问题和解决方案的实际通话描述,最重要的信息通常是藏在这里的。另外一种可能是与结构化数据有关的实际通话的语音日志或者音频文字实录。即使是现在,大多数分析人员还无法分析这种通话日志历史数据库中的最普通和高度结构化的数据,因为挖掘文本信息是一项工作强度很大的工作,并且无法简单地实现自动化。

2.大数据的技术架构

各种各样的大数据应用需求迫切需要新的工具与技术来存储、管理和实现商业价值。新的工具、流程和方法支撑起了新的技术架构,使得企业能够建立、操作和管理这些超大规模的数据集与贮藏数据的存储环境。

在全新数据增长速度条件下,一切都必须重新评估。这项工作必须从全盘入手,并考虑大数据分析。

在容纳数据本身,IT 基础架构必须能够以经济的方式存储比以往更大量、类型更多的数据。此外,还必须能适应数据速度,即数据变化的速度。数量如此大的数据难以在当今的网络连接条件下快速往返传输。大数据基础架构必须分布计算能力,以便能在接近用户的位置进行数据分析,减少跨越网络所引起的延迟。随着企业逐渐认识到必须在数据驻留的位置进行分析,分布这类计算能力,以便应对为分析工具提供实时响应带来的挑战。考虑到数据速度和数据量,往返传输数据进行

处理是不现实的。相反,计算和分析工具可能会移到数据附近。而且,云计算模式对大数据的成功至关重要。云模型在从大数据中提取商业价值的同时也在驯服它。这种交付模型能为企业提供一种灵活的选择,以实现大数据分析所需的效率、可扩展性、数据便携性和经济性。仅仅存储和提供数据还不够,必须以新方式合成、分析和关联数据,才能提供商业价值。部分大数据方法要求处理未经建模的数据,因此,可以对毫不相干的数据源进行不同类型的数据的比较和模式匹配。这使得大数据分析能以新视角挖掘企业传统数据,并带来传统上未曾有过的数据洞察力。

基于上述考虑,我们构建了适合大数据的 4 层堆栈式技术架构,如图 1.4 所示。

(1)基础层

基础层也就是作为整个大数据技术架构基础的最底层。要实现大数据规模的应用,企业需要一个高度自动化的、可横向扩展的存储和计算平台。这个基础设施需要从以前的存储孤岛发展为具有共享能力的高容量存储池。容量、性能和吞吐量必须可以线性扩展;

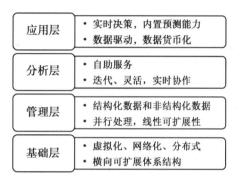

图 1.4 4 层堆栈式大数据技术架构

云模型鼓励访问数据并提供弹性资源池来应对大规模问题,解决了如何存储大量数据,以及如何积聚所需的计算资源来操作数据的问题。在云中,数据跨多个节点调配和分布,使得数据更接近需要它的用户,从而缩短响应时间和提高生产率。

(2)管理层

要支持在多源数据上做深层次的分析,大数据技术架构中需要一个管理平台,使结构化和非结构化数据管理融为一体,具备实时传送和查询、计算功能。本层既包括数据的存储和管理,也涉及数据的计算。并行化和分布式是大数据管理平台所必须考虑的要素。

(3)分析层

大数据应用需要大数据分析。分析层提供基于统计学的数据挖掘和机器学习算法,用于分析和解释数据集,帮助企业获得对数据价值深入的领悟。可扩展性强、使用灵活的大数据分析平台更可成为数据科学家的利器,起到事半功倍的效果。

(4)应用层

大数据的价值体现在帮助企业进行决策和为终端用户提供服务的应用。不同的新型商业需求驱动了大数据的应用。反之,大数据应用为企业提供的竞争优势使得企业更加重视大数据的价值。新型大数据应用对大数据技术不断提出新的要求,大数据技术也因此在不断地发展变化中日趋成熟。

1.3.4 大数据的应用

随着大数据的应用越来越广泛,应用的行业也越来越多,每天都可以看到关于大数据的一些新奇应用,从而帮助人们从中获取到真正有用的价值。下面就让我们一起来看看9个价值非常高的大数据应用,这些都是大数据在分析应用上的关键领域。

1.改善人们的生活

大数据不单单只是应用于企业和政府,同样也适用于生活当中的每个人。人们可以利用穿戴的装备(如智能手表或者智能手环)生成最新的数据,监测自己的热量消耗以及睡眠情况。而且还可以利用大数据分析来寻找属于自己的爱情,大多数时候交友网站就是通过大数据应用工具来帮助需要的人匹配合适的对象。

2.业务流程优化

大数据能更多地帮助业务流程的优化。例如,通过社交媒体、网络搜索以及天气预报等方面的数据挖掘出有价值的数据,从而优化供应链以及配送路线,具体是利用地理定位和无线电频率的识别追踪货物和送货车,利用实时交通路线数据制订更加优化的路线。人力资源业务也可以通过大数据的分析来进行改进,其中,就包括了人才招聘的优化。

3.理解客户、满足客户服务需求

目前,大数据在该领域的应用是最广为人知的。其重点是如何应用大数据更好地了解客户,包括他们的爱好和行为。企业为了更加全面地了解客户,非常喜欢搜集客户社交方面的数据、浏览器的日志、文本和家电传感器的数据。从而建立数据模型进行预测。例如,美国著名的零售商塔吉特就是通过大数据分析,得到有价值的信息,精准预测到客户在什么时候想要生小孩。另外,通过大数据的应用,电信公司可以预测出可能流失的客户,沃尔玛能更加精准地预测哪个产品会受欢迎,汽车保险行业可以预测客户的需求。

4.提高体育成绩

通过监测设备长期收集每一名运动员的训练数据,记录其实时心肺功能状态,通过软件的特殊公式将数据量化,并进行分析和处理,让教练对每一名运动员的训练情况、身体状况都了如指掌,能够针对每名运动员不同的身体情况进行针对性的训练,达到更好的训练效果,帮助他们取得优异的成绩。

5.提高医疗水平

大数据分析应用的计算能力可以让医生在几分钟内解码整个DNA,从而制订出最新的治疗方案,也可以更好地去理解和预测疾病。大数据技术目前已经在一

些医院用来监视早产婴儿和患病婴儿的情况,通过记录和分析婴儿的心跳,医生能够针对婴儿身体可能出现的不适症状做出预测,这样可以更好地救助婴儿。

6.帮助金融交易

大数据在金融行业主要是应用金融交易。高频交易(HFT)是大数据应用比较多的领域。其中大数据算法应用于交易决定。现在很多股权的交易都是利用大数据算法进行,这些算法已越来越多地考虑社交媒体和网站新闻的数据从而决定在未来几秒内是买进还是卖出。

7.创新城市管理

在进行城市产业布局规划时,将统计信息、业务信息、空间地理信息、交通信息、环保信息等数据进行综合分析,从招商引资、环境影响、交通便利等多个角度进行评估,使城市规划更为科学,也更为有效。旅游部门可以对城市路况、天气情况、酒店入住情况、旅行团信息等数据进行分析,为游客的出行提供相关的服务信息,以提高游客的度假体验,提升城市的旅游形象。

8.改进安全防范

美国国家安全局已经在应用大数据技术对恐怖主义活动进行分析,从而更加精确地进行打击;企业应用大数据技术防御网络攻击;警察部门应用大数据技术帮助追捕罪犯;银行应用大数据技术防止欺诈性交易。

9.优化生产制造

大数据分析可以使得生产制造业更加智能化和自主化。通过实时数据分析可以观测到生产线上的各种"蛛丝马迹",并对其进行实时优化,从而减少重复错误所导致的成本与时间的消耗。

1.3.5　大数据的趋势

1.传感器像空气无处不在

技术的突破将使传感器体积微型化,它将出现在生产生活的每一个角落,甚至以胶囊形态进入人体内部,监测化学环境及组织器官的细微变化。

成本降低后,传感器不再需要回收,而像隐形眼镜般一次性使用,完成使命后自动废弃,而新的传感器则源源不断地补充数据源;传感器节点数将达到万亿级别,其数据量将超过人类日常总传送数据量的80%,新的低能耗无线通信标准诞生。

2.数据服务如水即开即用

Google、百度、亚马逊等巨头将建立起完善的大数据服务基础架构及商业模式,从数据的存储、挖掘、管理、计算等方面提供一站式服务,将各行各业的数据孤岛打通互联。

在用户与数据服务商之间是算法提供商,他们雇佣专业领域的精英人才与数据科学家,通过数据挖掘的方式,寻找事物间的联系,如基因集与疾病的对应关系,大气状况如何影响农作物收成等。

而用户(无论个人或组织)所需要做的便是像今天下载手机 APP 一样,选择相应的数据服务端,付费然后享受"N＝A11"的实时数据所带来的深刻洞察力与行动指南。

3.大数据浪潮席卷全行业

个人的生活数据将被实时采集上传,涵盖饮食、健康、出行、家居、医疗、购物、社交等方面,大数据服务将被广泛运用并对用户的生活质量产生革命性提升,一切服务都将以个性化的方式为每一个"你"量身定制,为每一个行为提供基于历史数据与实时动态所产生的智能决策。

在传统领域大数据同样将发挥巨大作用:帮助农业根据环境、气候、土壤、作物状况进行超精细化耕作;在工业生产领域全盘把握供需平衡,挖掘创新增长点;在交通领域实现智能辅助乃至无人驾驶,堵车与事故将成为历史;在能源产业将实现精确预测及产量实时调控。

大数据将成为国家间竞合关系的最高依据,同时也是最高机密,针对数据中心及传感器集群的黑客事件层出不穷,"数据战"将成为战争的主要形式。

4.数据资产权及立法引发激辩

数据驱动下的世界给人最大的威胁是道德方面。我们以共享资源的方式分担风险(如保险),我们越是能预测未来,我们越不愿意和别人分享。

可能引发讨论的问题有:个人数据资产所有权,属于个人或是公司?隐私的边界何在?当公共利益与个人隐私发生冲突时如何抉择?数据是否具有地域性,如何处理跨国存储及管理的数据服务案件等。技术的发展将会倒逼国际社会制定并完善相应法律,而跨国企业将在其中扮演主导作用。

反过来,法律的制定也将推动数据安全技术的进步,智能程序将能根据不同情境启用相应的隐私级别,隔绝数据采集的"私密空间"将成为新的服务热点。

5.人工智能全面渗透人类生活

从苹果的 Siri 到 Google 的机器翻译,再到百度的深度学习及"百度大脑",商业与技术的频繁互动将极大提升人工智能的进化速度。机器将得以理解人类文字、语音、图像、动作甚至表情背后的微妙含义,并以大数据为支撑,为人类提供效率与个性兼备的决策与服务。

想象如果要进行一次旅行,人工智能会分析你以往出行记录以及近期生活轨迹,结合对各大旅游景点、交通状况、天气预测等数据进行分析,提供给你最贴合心意的目的地,规划好线路的无人驾驶车辆依照行程将你送至景点,并根据你的行程及时调配车辆接送。所有的酒店、餐饮、服务都已经依照你的生活数据进行深度订制,机器甚至会提醒你将美好时刻记录下来,发送给相关好友,提升互相间关系的亲密度。而你遇到的所有异国文字和语言,都将经由翻译器实时转化为你的母语。这只是诸多场景中较简单的一个切片。

结合人工智能的机器人技术将取代从事简单机械劳动的人类,以及部分服务性行业,劳动力过剩将成为突出的社会问题。

由人工智能主导的娱乐产业将成为经济支柱,结合虚拟现实技术的沉浸式游戏能直接刺激每一位玩家的神经,并带来最极致的感官享受,电影《Her》中爱上程序的故事或将成为普遍现实。

6.社会关系面临全面变革

传统的劳动关系及组织形态将被打破,劳动者以液态形式自由流动结合,成为"液态公司",通过大数据平台将客户需求与人力资源进行精确匹配,个体能够最大限度地发挥潜能,同时打破地域、语言及文化的障碍,全球协作成为大趋势。

婚恋模式全面转型,个体可根据不同关系需要由大数据服务商进行精确匹配,确保身心、经济、价值观及生活方式上真正的"Match",并订立有时效性的契约式关系。

传统家庭模式进入重塑阶段,人以群分变成人以"数"分,带有相似数据特征的会以类似公社形式聚居,以实现资源整合与生活方式上的高效和谐。

国际化大品牌以深度数据分析,聚集忠实核心用户群,并开发上下游生活方式产品,形成凝聚力极高的"品牌部落"概念,人群甚至会以品牌作为图腾、姓氏或精神信仰。

7.人类文明进入全新纪元

科研领域由传统的"现象观察—理论假设—实践验证"范式变迁为"数据挖掘—抽象模型—扩展应用",由理念到实际应用的路径将被大大缩短,全面提升技术进步的速度。

人从机械重复的低级劳动中被解放,投身更具价值的创造过程。大数据将帮助人类发现激发创造力与幸福感的有效机制,社会由物质文明进入灵性文明的新纪元。

人工智能将逐步理解并模仿人类情感,机器与人类的共生成为进化趋势,奇点降临。当20年后回首今天,许多事情已经悄悄地埋下伏笔:顶尖人工智能专家、Google大脑之父吴恩达加盟百度;Google低调收购大量机器人公司;微软发布虚拟个人助手Cortana。当这几家掌握着全世界最丰富数据资源的科技巨头纷纷发力时,大数据时代的狂飙突进才刚刚拉开序幕。

1.4　其他前沿技术

1.4.1　并行计算

并行计算(Parallel Computing)是相对于串行计算提出来的,其基本思想是通过多个处理器共同解决同一个计算问题,即每一个处理器单独承担整个计算任务中的一部分内容,因此计算任务的分解就是并行计算中首要考虑的关键问题,目前常见的分解方法可大致分为时间和空间上的并行。一般情况下,计算问题在时间上具有相互关联的特点,所以关于时间并行方法往往采用流水线的方式实现,近期也有部分研究人员提出通过一种拟合方法来完成时间上的并行,不过此类方法往往对算法上有一定要求。空间上并行是目前绝大多数计算问题的并行解决方案,即在同一时刻将整个计算任务按照某种规则在空间上进行分解,在下一时刻开始前同步相关的参数,最典型的代表就是区域分解算法。此外,分解计算任务还要考虑负载均衡、通信量等问题,它们直接关系到并行程序的效果。

通过上面的介绍,我们对并行计算有了一个简单了解,下面给出并行计算的常用定义。

并行计算是指在并行机上将一个计算问题分解成多个子任务,分配给不同的处理器,各个处理器之间相互协同,并行地执行子任务,从而达到加速求解,或者求解大规模应用问题的目的。

1.4.2　情感计算

迄今为止,学术界对"情感"以及"情感计算"的定义并未达成统一的认识。情感计算的目的是通过赋予计算机识别、理解、表达和适应人的情感的能力来建立和谐的人机环境,并使计算机具有更高的、全面的智能。情感计算就是要赋予计算机类似人的观察、理解和生成各种情感特征的能力,通过对情感特征的分析和处理来获取对情感状态与生理和行为特征相互关系的高层次语义上的解释,最终能像人一样进行自然、亲切和生动的交互,建立"情感模型",从而创建具有感知、识别和理解人类情感的能力,并能针对用户的情感做出智能、灵敏、友好反应的个人计算系统,缩短人机之间的距离,营造真正和谐的人机环境。情感计算是一个高度综合化的技术领域,到目前为止,有关研究已经在人脸表情、姿态分析、语音的情感识别和表达方面取得了一定的进展。

1.4.3　绿色计算

早期对绿色计算的研究主要从功耗问题开始的,关于绿色计算完整的研究与

分析,迄今文献还比较少,目前仍然没有一个公认的定义,存在多种定义。例如:

2007年12月,Gartner公司在《绿色IT:新一波产业冲击》报告中,对"绿色计算"术语给出了一个明确的定义,即在企业背景下,通过ICT技术的优化使用,用于支撑企业运营及供应链的可持续发展,以及全生命周期中企业产品、服务和资源的可持续发展。

按照维基百科的定义,绿色计算(又称为Green IT/ICT或ICT Sustainability)是指环境可持续的计算或IT/ICT,本着对环境负责的原则使用计算机及相关资源的行为,包括采用高效节能的中央处理器、服务器和外围设备,减少资源消耗,并妥善处理电子垃圾。

按照百度百科的定义,一般认为绿色计算是符合环保概念的计算机主机和相关产品(含显示器、打印机等外设),具有省电、低噪声、低污染、低幅射、材料可回收及符合人体工程学特性的产品。

Murugesan将绿色计算定义为计算机、服务器和相关子系统(如显示器、打印机、存储设备及网络通信系统)的设计、制造、使用和回收处理的研究和实践活动的总称,有效地减少对环境的影响。

绿色计算之"绿",既有自然、生态含义,更有社会、人文之意,其目标包括:

①能源和资源的节约;

②能源和资源的高效利用与循环利用;

③对人和环境的友好性,即低碳排放与无害;

④ICT技术在环境保护领域的应用。

1.5　计算机发展趋势

1.5.1　高性能计算

简单地说,高性能计算(High Perfor-mance Computing)是计算机科学的一个分支,主要研究并行算法和开发并行软件,致力于研制高性能计算机(High Performance Computer),如图1.5所示。

图1.5　高性能计算机

随着信息化社会的飞速发展,人类对信息处理能力的要求越来越高,不但石油勘探、气象预报、航天国防、科学研究等需要高性能计算,而且金融、政府、学校、企业等更为广泛的领域对高性能计算的需求也在迅猛增长。

高性能计算技术主要是指从体系结构、并行计算和软件开发等方面研究开发高性能计算系统的技术。随着计算机技术的飞速发展,高性能计算机的计算速度不断提高,其标准也处在不断变化之中。目前,高性能计算机的衡量标准主要以计算速度(尤其是浮点运算速度)作为标准。高性能计算机是信息领域的前沿技术,在保障国家安全、推动国防科技进步、促进尖端武器发展方面具有直接推动作用,是衡量一个国家综合实力的重要标志之一。

1.5.2 普适计算

普适计算(Pervasive Computing)是指无处不在、随时随地可以进行计算的一种方式——无论何时何地,只要需要,就可以通过某种设备访问到所需的信息。

普适计算(又称为普及计算)的概念早在 1999 年就由 IBM 公司提出,它有两个特征,即间断连接和轻量计算(即计算资源相对有限),同时具有如下特性:

- 无所不在特性(Pervasive):用户可以随地以各种接入手段进入同一信息世界;
- 嵌入特性(Embedded):计算和通信能力存在于生活的世界中,用户能够感觉到它和作用于它;
- 游牧特性(Nomadic):用户和计算均可按需自由移动;
- 自适应特性(Adaptable):计算和通信服务可按用户需要和运行条件提供充分的灵活性和自主性;
- 永恒特性(Eternal):系统在开启以后再也不会死机或需要重启。

普适计算所涉及的技术包括:移动通信技术、小型计算设备制造技术、小型计算设备上的操作系统技术及软件技术等。普适计算技术的主要应用方向包括:嵌入式技术(除笔记本电脑和台式计算机外的具有 CPU 且能进行一定的数据计算的电器,如手机、MP3 等都是嵌入式技术研究的方向)、网络连接技术(包括 3G、ADSL 等网络连接技术)、基于 Web 的软件服务构架(即通过传统的 B/S 构架,提供各种服务)。

普适计算把计算和信息融入人们的生活空间,使人们生活的物理世界与在信息空间中的虚拟世界融合成为一个整体。人们生活在其中,可随时随地得到信息访问和计算服务,从根本上改变了人们对信息技术的思考,也改变了人们整个生活和工作的方式。

普适计算是对计算模式的革新,对它的研究虽然才刚刚开始,但它已显示了巨大的生命力,并带来了深远的影响。普适计算的新思维极大地活跃了学术思想,推动了对新型计算模式的研究。在此方向上已出现了许多诸如平静计算(Calm Computing)、日常计算(Everyday Computing)、主动计算(Proactive Computing)等新的研究方向。

1.5.3　服务计算与云计算

1.服务计算

近年来,随着计算机科学技术及其应用的普及和深入发展,特别是基于 Web 计算技术与商务应用领域的融合,逐步催生了"服务计算"概念的形成。2003 年 11 月,IEEE 服务计算技术执行委员会正式成立,正式将"服务"与"计算"结合在一起,标志着"服务计算"这样一门全新学科的诞生。面对现代服务型经济的强大需求,服务计算领域得到了快速而迅猛的发展,它跨越计算机科学与技术、信息技术、商业和管理等多个领域,在理论模型和技术方法上有了长足的突破。"面向服务"的基本原则在短短几年时间内深刻改变了人们看待商务和技术的传统方式。

服务计算概念可理解如下:

①一种商务原则,以"面向服务"的视角看待社会、经济和组织,分析、设计、实现、运行并优化之;

②一种 IT 技术,以"面向服务"的视角构造分布式异构软件及其之间的集成,在运行环境与基础设施的支持下执行,以驱动高层业务的协同。

其中,②更偏向于微观层面的软件计算,而①则面向宏观层面的业务计算、管理和优化。概念理解上的差异导致了服务计算领域在领域范畴、技术内容和实现途径等方面的差异。

虽然服务科学与服务计算出现的时间不长,但"面向服务"的思想深刻改变了人们对于计算系统和计算模式的思维,也改变着人们用信息技术解决商务问题的传统视角,并给计算机科学、管理学、经济学和社会学领域带来了深远的影响。同时,这些学科在服务管理、服务工程和服务计算的研究所形成了交汇,并很快发展成为一个独立的学科——服务科学。

目前,服务科学与服务计算的学科范畴和理论体系的发展仍处于初步探索阶段;大量的核心理论方法刚刚起步,尚未发展成熟;该领域仍然有很长的路要走。但可以肯定的是,作为一种新型的计算模式和计算思维,服务科学与服务计算未来的发展前景将非常广阔。

2.云计算

云计算是分布式计算技术的一种,其最基本的概念是透过网络将庞大的计算处理程序自动分拆成无数个较小的子程序,再交由多部服务器所组成的庞大系统经搜寻、计算分析之后将处理结果回传给用户。通过这项技术,网络服务提供者可以在数秒之内,达成处理数以千万计甚至亿计的信息,达到和"超级计算机"同样强大效能的网络服务。

最简单的云计算技术在网络服务中已经随处可见,如搜索引擎、网络信箱等,使用者只要输入简单指令即能得到大量信息。

在未来,云计算不仅能完成资料的搜寻、分析,还能分析 DNA 结构、基因图谱定序、解析癌症细胞等。

在云计算时代,可以抛弃 U 盘等移动设备,只需要进入 Google Docs(谷歌在线文档)页面新建文档,编辑内容,然后,直接将文档的 URL 分享给你的朋友或者上司,他可以直接打开浏览器访问 URL。人们再也不用担心因 PC 硬盘的损坏而发生资料丢失的情况了。

1.5.4 智能计算

智能计算也称为计算智能(Computational Intelligence),是以生物进化的观点认识和模拟智能。按这一观点,智能是在生物的遗传、变异、生长以及外部环境的自然选择中产生的。在用进废退、优胜劣汰的过程中,适应度高的(头脑)结构被保存下来,智能水平也随之提高。因此计算智能就是基于结构演化的智能。

计算智能的一个分支是遗传算法(Genetic Algorithm,GA)。它源于 20 世纪 60 年代的自适应系统研究,由 Holland(霍兰德)等人提出。其基本思想是用程序来模拟群体的遗传和变异,通过自然选择,适者生存,达到种群的优化。遗传算法加上 Koza(科扎)提出的遗传程序设计(Genetic Progamming,GP)和 Rechenberg(雷切恩伯格)提出的遗传策略(Genetic Strategy,ES)又形成了更广的一类算法:演化算法(Evolutionary Algorithm,EA)。演化算法进一步与支持向量机、博弈论和神经网络等结合又形成新的算法,出现了诸如演化人工神经网络这种新的计算工具。

20 世纪 90 年代是计算智能迅速发展的年代,出现了一些体现群体智能的方法,如 Dorigo(多里哥)的蚁群算法(Ant Colony Algorithm)利用信息素计算模拟蚁群,通过交换信息达到群体最佳觅食行为;Kennedy(肯尼迪)和 Eberhart(埃伯哈特)的粒子群优化(Particle Swarm Optimization,PSO)利用位置和速度的变化模拟鸟群迁移中个体行为和群体行为之间的相互影响;还有免疫计算模拟抗体识别抗原的机制。这些都是模拟生物行为的方法。另一些如模拟退火、分形几何、混沌理论则是从自然界的物理现象得到启发而形成的理论。

1.5.5 生物计算

生物计算是指以生物大分子作为"数据"的计算模型,主要分为 3 种类型:蛋白质计算、RNA(核糖核酸)计算和 DNA(脱氧核糖核酸)计算。蛋白质计算模型的研究始于 20 世纪 80 年代中期,Conrad 首先提出用蛋白质作为计算器件的生物计算模型。1995 年,Birge 发现细菌视紫红质蛋白分子具有良好的"二态性",拟设计、制造一种蛋白质计算机。进而,Birge 的同事,Syracuse 大学的其他研究人员应用原型蛋白质制造出一种光电器件,它存储信息的能力比目前电子计算机的存储器高 300 倍,这种器件含细菌视紫红质蛋白利用激光束进行信息写入和读取。该蛋白质计算模型均是利用蛋白质的二态性来研制模拟图灵机意义下的计算模型,应属于纳米计算机"家族"的一员。

不同于蛋白质计算,RNA 计算与 DNA 计算是利用生化反应,更确切地讲,是以核酸分子间的特异性杂交为机理的计算模型。由于 RNA 分子不仅在实验操作上没有 DNA 分子容易,而且在分子结构上也不如 DNA 分子处理信息方便,故目前对 RNA 计算的研究相对较少。所以,近 20 年来,蛋白质计算与 RNA 计算少有进展,但 DNA 计算发展很快。

DNA 计算是一种以 DNA 分子与相关的生物酶等作为基本材料,以生化反应作为信息处理基本过程的计算模式。DNA 计算模型首先由 Adleman 博士于 1994 年提出,它的最大优点是充分利用了 DNA 分子具有海量存储的能力,以及生化反应的海量并行性。因而,以 DNA 计算模型为基础而产生的 DNA 计算机,必有海量的存储能力及惊人的运行速度。DNA 计算机模型克服了电子计算机存储量小与运算速度慢这两个严重的不足,具有如下 4 个优点:

①DNA 作为信息的载体,其存储的容量巨大,1 立方米的 DNA 溶液可存储 1 万亿亿的二进制数据,远远超过当前全球所有电子计算机的总储存量;

②具有高度的并行性,运算速度快,一台 DNA 计算机一周时间的运算量相当于所有电子计算机问世以来的总运算量;

③DNA 计算机所消耗的能量只占一台电子计算机完成同样计算所消耗的能量的十亿分之一;

④合成的 DNA 分子具有一定的生物活性,特别是分子氢键之间的引力仍存在。这就确保了 DNA 分子之间的特异性杂交功能。

由此可见,DNA 计算的每项突破性进展,必将给人类社会的发展带来不可估量的贡献。

1.5.6　未来互联网与智慧城市

2015 年"两会"期间,《政府工作报告》中首次提出"互联网+"行动计划,并强调要发展"智慧城市",保护和传承历史、地域文化。加强城市供水、供气、供电、公交和防洪防涝设施等的建设。智慧城市的核心特征在于"智慧",而智慧的实现,有赖于广泛覆盖的信息网络,具备深度互联的信息体系,构建协同的信息共享机制,实现信息的智能处理,并拓展信息的开放应用。其中包含了从信息采集、传输、共享、处理到应用的全过程,体现了完整的信息智慧循环。"互联网+"被认为是创新 2.0 时代智慧城市的基本特征,有利于形成创新涌现的智慧城市生态,从而进一步完善城市的管理与运行功能,实现更好的公共服务,让人们生活更便宜、出行更便利、环境更宜居。

信息革命带来的不仅仅是产业的转变,人类的生活方式也日益向信息化、数字化、网络化转变。当人们憧憬不断发展的信息技术所带来的美好未来时,必须思考并回答一个时代命题:信息技术的本质在于为人类服务,要让信息技术真正为人类创造城市生活的美好未来。而"互联网+城市"理念的提出,承载着提高人民生活水平和提高我国经济水平的美好梦想,反映了政府层面和有识之士创造城市美好未来的共同愿望和坚定意志。

互联网技术是城市建设不可或缺的关键因素,在科学的城市规划与建设中,技术决定了未来城市的面貌。新一代互联网、云计算、智能传感、通信、遥感、卫星定位、地理信息系统等技术的结合,将可以实现对一切物品的智能化识别、定位、跟踪、监控与管理。也就是说,建设智慧城市在技术上已成为可能。

可以预想,未来在城市中将可能出现以下情况:

①在"智慧交通"方面,先进的软件系统与城市交通系统联网,在各交通要道布下"天罗地网",实时掌握动态客流情况,精确预测车流从哪里来,车辆导航系统将科学引导车辆运行,大大提升通行效率,使现有交通设施效能最大化,减少拥堵等待时间,减少汽车尾气排放。

②在"智慧医疗"方面,各家医院分门别类地显示在地图上,只要在家登录智能医疗系统,任意点击一家医院,该医院的专业特色、坐诊医生,甚至当前床位数立刻呈现在眼前。病人可以根据自身需求,在网上挂号并预约就诊时间和医生。如果病情紧急需要到医院就诊,还可以利用路线导航,选择最近的一条线路到达医院,或者查询并联系周边闲置的救护车到家运送病人。

③在"智慧城市"方面,通过智能化的城市安全与减灾系统,可以随时掌握灾害发生的位置、区域、类型,并通过地理信息技术确定、研判灾害现状及其影响范围,确保报警、灾害信息传递和有效利用。建立高科技的智能监控和预警系统,使罪犯无处遁形。可以利用智能传感网实现公共设施在线监测,公共设施从位置到数量、尺寸到形状,都将获得自己的"身份证",如井盖丢失了、护栏损坏了、路灯不亮了、垃圾乱堆乱放等,都会在最短时间内得到有效处理。

④在"智能养老"方面,建立起包括一键式养老服务热线、一键式紧急救助呼叫系统等在内的养老综合信息服务平台,老年人只需佩戴一个有按钮的贴身传感器,需要时按下按钮,即可快速传递诉求及所在的实时位置(如求助、精神慰藉、娱乐诉求等),这些信息将及时传递给家人或社区工作人员。

 【课后练习】

1.什么是物联网?

2.什么是云计算?它的基本特征是什么?

3.什么是大数据?它的基本特征是什么?

4.大数据有哪几种数据结构,它们的关系怎样?

第 2 章　计算思维基础

2.1　计算思维的概念

2.1.1　计算思维的定义

计算思维是运用计算机科学的基础概念进行问题求解、系统设计以及人类行为理解等涵盖计算机科学之广度的一系列思维活动。其具体内容如下：

①通过约简、嵌入、转化和仿真等方法，把一个看来困难的问题重新阐释成一个人们知道问题怎样解决的方法；

②它是一种递归思维和并行处理，是一种把代码译成数据又能把数据译成代码和多维分析推广的类型检查方法；

③它是一种采用抽象和分解来控制庞杂的任务或进行巨大复杂系统设计的方法，是基于关注分离的方法（Soc 方法）；

④它是一种选择合适的方式去陈述一个问题，或对一个问题的相关方面建模使其易于处理的思维方法；

⑤它是按照预防、保护及通过冗余、容错、纠错的方式，并从最坏情况进行系统恢复的一种思维方法；

⑥它是利用启发式推理寻求解答，即在不确定情况下的规划、学习和调度的思维方法；

⑦它是利用海量数据来加快计算，在时间和空间之间，在处理能力和存储容量之间进行折中的思维方法。

计算思维吸取了问题解决所采用的一般数学思维方法，现实世界中巨大复杂系统的设计与评估的一般工程思维方法，以及复杂性、智能、心理、人类行为的理解等的一般科学思维方法。

2.1.2　计算思维和计算机思维

计算思维是人的思维方式，不是计算机的思维方式。计算思维是人类求解问题的一条途径，但决非要使人类像计算机那样思考。计算机枯燥且沉闷，人类聪颖且富有想象力。人类赋予计算机激情,配置了计算设备后,人类就能用自己的智慧去解决那些在计算时代之前不敢尝试的问题,实现"只有想不到,没有做不到"的境界。

2.1.3　计算思维的应用

计算思维是每个人的基本技能,其不仅仅属于计算机科学家。我们应当使每个孩子在培养解析能力时不仅掌握阅读、写作和算术(Reading.Writing and Arithmetic,3R),还要学会计算思维。正如印刷出版促进了 3R 的普及,计算和计算机也以类似的正反馈促进了计算思维的传播。

当我们必须求解一个特定的问题时,首先会问:解决这个问题有多么困难? 怎样才是最佳的解决方法? 计算机科学根据坚实的理论基础来准确地回答这些问题。表述问题的难度就是工具的基本能力,必须考虑的因素包括机器的指令系统、资源约束和操作环境。

为了有效地求解一个问题,我们可能要进一步问:一个近似解是否就够了,是否可以利用一下随机化,以及是否允许误报(False Positive)和漏报(False Negative)。计算思维就是通过各种方法把一个看来困难的问题重新阐释成一个已知解决方法的问题。

2.2　"0"和"1"的思考

1+1 等于几? 幼儿园的小朋友都知道,等于 2 啊! 其实,1+1 还可以等于 10。1+1 等于 2 是十进制的计算结果,而 1+1 等于 10 是二进制的计算结果。这里"10"是二进制的"一零",而不是十进制的"十"。

自然界存在很多两种状态的事物,如开关的"开"与"关",电灯的"亮"与"不亮",商店"关门"和"营业",继电器的"闭合"与"断开"。如果只用一位符号来表示,就是两个数字"0"和"1","1"可以表示"开""亮""营业""闭合","0"则表示相反的状态。二进制是由 18 世纪德国数理哲学大师莱布尼兹发明的,但最初更多的是宗教的内涵。20 世纪被称作第三次科技革命的重要标志之一的计算机的发明与应用,因为数字计算机只能识别和处理由"0""1"符号串组成的代码。其运算模式正是二进制。

2.2.1　《易经》与"0/1"

太极八卦,博大精深,在中华民族传统科学文化中占有重要地位。它的内涵和精神,应当作科学的分析和研究。几千年来,中国传统科学与西方科学是沿相向平行的方向发展的。20 世纪初相对论创立以后,中国传统科学与西方现代科学,才有了在自然构造的对称性这一普遍原理上实现联系达到统一的前景。所以爱因斯坦说:"令人惊奇的倒是这些发现(在中国)全都做出来了。"

太极图(图 2.1)也是一个二进制的递进关系,从这个角度讲,古太极图的发明者肯定是看懂了伏羲八卦中的二进制关系,然后反其道而行之,作出了古太极图,同时中间又画了八卦鱼这个符号,它很有意义。从太极图上可以体悟到,任何事物在发展的初期会发展很快,可到了后期,由于各种各样的原因,就会变慢,不会一直沿着直线发展,到了最后只能沿着外沿旋转。据说爱因斯坦看到了我国的古太极图后讲了一句话:"近现代的科学

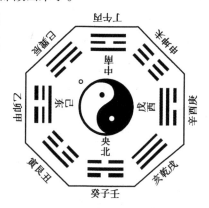

图 2.1　太极八卦图

技术似乎就是为了表达东方人的思想"。此话一出,引起世人对东方文化的关注,爱因斯坦曾提出一个"有界无边"的宇宙模型。所谓"有界"就是它是一个圆,"无边"就是圆在沿着外围慢慢向外扩张。而现在所拍到的星系爆炸图都是螺旋方向的,因为在星系爆炸的后期,由于万有引力的作用不可能沿直线运动,只能沿着这个螺旋方向运动。所以太极图道出了事物发展的一般规律,任何事物到一定程度不能着急,欲速则不达。黑格尔在写完《精神现象学》以后,认为自己掌握了宇宙、自然界和人类社会发展的一般规律,他认为东方人没有哲学思想,东方人头脑中仅有一点点朦胧的辩证色彩。但当他看到这幅古太极图后,发现这张图的内涵博大精深,而且表达手法比他的思想要简洁很多。各卦爻之间都是相互对立的,而且可以看出其中的变化,蕴含着肯定与否定,量变到质变的思想,所以说它是一个辩证的符号系统,不是"$a>b>c$"的符号关系。

二进制仅仅是表达《易经》的现象而已,明末湖南哲学家王夫之曾说过:"先天易符号二进制位是个简单的事实,过分纠纷其中会失忘易之本意,教童知之相乘之法则可,而与天人之理毫无相干,不可以算士、铁、积、掇、有效无收之术,以乱天地之位也。"在他看来,先天易中的数学关系仅仅是"铁积掇,有效无收"的雕虫小技而已,与大道无关。若过分追究其二进制数学特性就会迷失诠释大道的方向,现在也有很多人整日沉迷于二进制的排列组合之中,而忘记了易之本意,易之大义。

2.2.2　逻辑与"0/1"

二进制数的逻辑运算包括逻辑加法("或"运算)、逻辑乘法("与"运算)、逻辑否定("非"运算)和逻辑"异或"运算。

1.逻辑"或"运算

其又称为逻辑加,可用符号"+"或"∨"来表示。其运算规则如下:

$0+0=0$ 或 $0 \vee 0=0$

$0+1=1$ 或 $0 \vee 1=1$

$1+0=1$ 或 $1 \vee 0=1$

$1+1=1$ 或 $1 \vee 1=1$

可见，两个相"或"的逻辑变量中，只要有一个为 1，"或"运算的结果就为 1；仅当两个变量都为 0 时，"或"运算的结果才为 0。计算时，要特别注意和算术运算的加法加以区别。

2.逻辑"与"运算

其又称为逻辑乘，常用符号"×"或"·"或"∧"表示。其运算规则如下：

$0 \times 1=0$ 或 $0 \cdot 1=0$ 或 $0 \wedge 1=0$

$1 \times 0=0$ 或 $1 \cdot 0=0$ 或 $1 \wedge 0=0$

$1 \times 1=1$ 或 $1 \cdot 1=1$ 或 $1 \wedge 1=1$

可见，两个相"与"的逻辑变量中，只要有一个为 0，"与"运算的结果就为 0。仅当两个变量都为 1 时，"与"运算的结果才为 1。

3.逻辑"非"运算

其又称为逻辑否定，实际上就是将原逻辑变量的状态求反，其运算规则如下：

$\overline{0}=1$

$\overline{1}=0$

可见，在变量的上方加一横线表示"非"。逻辑变量为 0 时，"非"运算的结果为 1；逻辑变量为 1 时，"非"运算的结果为 0。

4.逻辑"异或"运算

"异或"运算常用符号"⊕"来表示，其运算规则如下：

$0 \oplus 0=0$

$0 \oplus 1=1$

$1 \oplus 0=1$

$1 \oplus 1=0$

可见：两个相"异或"的逻辑运算变量取值相同时，"异或"的结果为 0；取值相异时，"异或"的结果为 1。

以上仅就逻辑变量只有一位的情况得到了逻辑"与""或""非""异或"运算的运算规则。当逻辑变量为多位时，可在两个逻辑变量对应位之间按上述规则进行运算。特别注意，所有的逻辑运算都是按位进行的，位与位之间没有任何联系，即不存在算术运算过程中的进位或借位关系。

2.2.3 数值信息与"0/1"

二进制数的算术运算包括加、减、乘、除四则运算,下面分别予以介绍。

1.二进制数的加法

根据"逢二进一"规则,二进制数加法的运算规则如下:

$0+0=0$

$0+1=1+0=1$

$1+1=0(进位为 1)$

$1+1+1=1(进位为 1)$

例如,1110 和 1011 相加过程如下:

```
      1  1  1  0    被加数
+)    1  0  1  1    加数
   ———————————————
   1  1  0  0  1    和
```

2.二进制数的减法

根据"借一有二"的规则,二进制数减法的运算规则如下:

$0-0=0$

$1-1=0$

$1-0=1$

$0-1=1(借位为 1)$

例如,1101 减去 1011 的过程如下:

```
      1  1  1  0    被减数
-)    1  0  1  1    减数
   ———————————————
      0  0  1  0    差
```

3.二进制数的乘法

二进制数乘法过程可仿照十进制数乘法进行。但由于二进制数只有 0 或 1 两种可能的乘数位,导致二进制乘法更为简单。二进制数乘法的运算规则如下:

$0\times0=0$

$0\times1=1\times0=0$

$1\times1=1$

例如,1001 和 1010 相乘的过程如下:

```
        1   0   0   1      被乘数
    ×)  1   0   1   0      乘数
   ─────────────────────
        0   0   0   0
    1   0   0   1          部分积
0   0   0   0
1   0   0   1
───────────────────────
1   0   1   1   0   1   0   乘积
```

由低位到高位,用乘数的每一位去乘被乘数,若乘数的某一位为 1,则该次部分积为被乘数;若乘数的某一位为 0,则该次部分积为 0。某次部分积的最低位必须和本位乘数对齐,所有部分积相加的结果则为相乘得到的乘积。

4.二进制数的除法

二进制数除法与十进制数除法很类似。可先从被除数的最高位开始,将被除数(或中间余数)与除数相比较,若被除数(或中间余数)大于除数,则用被除数(或中间余数)减去除数,商为 1,并得相减之后的中间余数,否则商为 0。再将被除数的下一位移下补充到中间余数的末位,重复以上过程,就可得到所要求的各位商数和最终的余数。

例如,100110÷110 的过程如下:

```
        0   0   0   1   1   0      商
      ┌─────────────────────
1   1   0 │ 1   0   0   1   1   0
          │     1   1   0
          ├─────────────────
          │     0   1   1   1
          │         1   1   0
          ├─────────────────
          │             1   0      余数
```

所以,100110÷110 = 110 余 10。

2.2.4 非数值信息与"0/1"

1.ASCII 编码

英文字母、数字或其他字符都是计算机中常用的数据,这些数据也必须用统一的二进制数 0、1 的编码来表示才能被计算机接受。目前,计算机使用的标准编码是 ASCII 编码。ASCII 编码是由美国国家标准委员会制定的《美国国家信息交换标准代码》,它使用一个字节的低 7 位(高位为 0)来表示一个字符,共能表示 2^7(128)种国际上通用的英文字母、数字和符号。ASCII 编码见表 2.1。例如,字符"A"的二进制编码是"01000001"，也就是 41H 或 65D；字符"#"的二进制编码是"00100011"。

表 2.1　ASCII 编码

二进制	十进制	十六进制	图形	二进制	十进制	十六进制	图形	二进制	十进制	十六进制	图形
00100000	32	20	（空格）（sr）	01000000	64	40	@	01100000	96	60	`
00100001	33	21	!	01000001	65	41	A	01100001	97	61	a
00100010	34	22	"	01000010	66	42	B	01100010	98	62	b
00100011	35	23	#	01000011	67	43	C	01100011	99	63	c
00100100	36	24	$	01000100	68	44	D	01100100	100	64	d
00100101	37	25	%	01000101	69	45	E	01100101	101	65	e
00100110	38	26	&	01000110	70	46	F	01100110	102	66	f
00100111	39	27	'	01000111	71	47	G	01100111	103	67	g
00101000	40	28	(	01001000	72	48	H	01101000	104	68	h
00101001	41	29	)	01001001	73	49	I	01101001	105	69	i
00101010	42	2A	*	01001010	74	4A	J	01101010	106	6A	j
00101011	43	2B	+	01001011	75	4B	K	01101011	107	6B	k
00101100	44	2C	,	01001100	76	4C	L	01101100	108	6C	l
00101101	45	2D	−	01001101	77	4D	M	01101101	109	6D	m
00101110	46	2E	.	01001110	78	4E	N	01101110	110	6E	n
00101111	47	2F	/	01001111	79	4F	O	01101111	111	6F	o
00110000	48	30	0	01010000	80	50	P	01110000	112	70	p
00110001	49	31	1	01010001	81	51	Q	01110001	113	71	q
00110010	50	32	2	01010010	82	52	R	01110010	114	72	r
00110011	51	33	3	01010011	83	53	S	01110011	115	73	s
00110100	52	34	4	01010100	84	54	T	01110100	116	74	t
00110101	53	35	5	01010101	85	55	U	01110101	117	75	u
00110110	54	36	6	01010110	86	56	V	01110110	118	76	v
00110111	55	37	7	01010111	87	57	W	01110111	119	77	w
00111000	56	38	8	01011000	88	58	X	01111000	120	78	x
00111001	57	39	9	01011001	89	59	Y	01111001	121	79	y
00111010	58	3A	:	01011010	90	5A	Z	01111010	122	7A	z
00111011	59	3B	;	01011011	91	5B	[	01111011	123	7B	{
00111100	60	3C	<	01011100	92	5C	\	01111100	124	7C	|
00111101	61	3D	=	01011101	93	5D	]	01111101	125	7D	}
00111110	62	3E	>	01011110	94	5E	^	01111110	126	7E	~
00111111	63	3F	?	01011111	95	5F	_				

2.汉字编码

GB 2312—80 将代码表分为 94 个区,对应第一字节;每个区 94 个位,对应第二字节,两个字节的值分别为区号值和位号值加 32(20H),因此也称为区位码。01—09 区为符号、数字区,16—87 区为汉字区,10—15 区、88—94 区是有待进一步标准化的空白区。GB 2312 将收录的汉字分成两级:第一级是常用汉字计 3 755 个,置于 16—55 区,按汉语拼音字母/笔形顺序排列;第二级汉字是次常用汉字计 3 008 个,置于 56—87 区,按部首/笔画顺序排列。故而 GB 2312 最多能表示 6 763 个汉字。

2.3 计算发展史的启示

2.3.1 计算工具的发展史

我国春秋时期出现的算筹是世界上最古老的计算工具。计算的时候摆成纵式和横式两种数字,按照纵式相间的原则表示任何自然数,从而进行加、减、乘、除、开放以及其他的代数计算。负数出现后,算筹分为红和黑两种,红筹表示正数,黑筹表示负数。这种运算工具和运算方法是当时世界上独一无二的。后来我国劳动人民创造了算盘作为运算工具。早在公元 15 世纪,算盘已经在我国广泛使用,后来流传到日本、朝鲜等国。它的特点是结构简单,使用方便,特别实用,用于计算数目较大和数目较多的加减法,更为简便。算盘已经基本具备了现代计算器的主要结构特征。例如,拨动算珠,也就是向算盘输入数据,这时算盘起着"储存器"的作用;运算时,珠算口诀起着"运算指令"的作用,而算盘则起着"运算器"的作用。当然,算珠毕竟要靠人的手来拨动,而且也根本谈不上"自动运算"。

除中国外,其他国家也有发明各式各样的计算工具,如罗马人的"算盘",古希腊人的"算板",印度人的"沙盘"及英国人的"刻齿本片"等。这些计算工具的原理都基本相同,同样是通过某种具体的物体来代表数,并利用对物件的机械操作来进行运算。一些具有代表性的计算工具如下:

• 比例规:伽利略发明了比例规,它的外形像圆规,两脚上各有刻度,可任意开合,是利用比例的原理进行乘除比例等计算的工具。

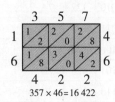

357 × 46 = 16 422

图 2.2　格子算法

• 纳皮尔筹:公元 15 世纪以后,格子算法通行于中亚细亚及欧洲。它是 15 世纪中叶,意大利数学家帕乔利在《算术、几何及比例性质摘要》一书中介绍的一种两个数相乘的计算方法。格子算法介于画线和算式之间。这种方法传入中国之后,在明朝数学家程大位的《算法统宗》一书中被称为"铺地锦",如图 2.2 所示。纳皮尔筹便是依据格子算法的原理,但与格子算法不同的是它把格子和数字刻在"筹"(长条竹片或木片)上,这便可根据需要拼凑起来计算。

- 计算尺:在 1614 年,对数被发明以后,乘除运算可以化为加减运算,对数计算尺便是依据这一特点来设计的。1620 年,E·冈特最先利用对数计算尺来计算乘除。1632 年,奥特雷德发明了有滑尺的计算尺,并制成了圆形计算尺。1652 年,R·比萨克制成了有固定尺身和滑尺的计算尺。1850 年,V·曼南在计算尺上装上游标,被当时的科学工作者,特别是工程技术人员所广泛使用。

- 机械式计算机:机械式计算机是与计算尺同时出现的,是计算工具上的重大发明。席卡德最早构思出机械式计算机,而成功制作出第一台能计算加减法的计算机的是 B·帕斯卡。在 1671 年,G·W·莱布尼茨又发明了一种能作四则运算的手摇计算机,其外形是一个长 1 米的大盒子。自此以后,经过人们在这方面多年的研究,特别是经过 L·H·托马斯、W·奥德内尔等人的改良后,出现了多种多样的手摇计算机,并风行全世界。17 世纪末,这种计算机传入了中国,并由中国人制造了 12 位数的手摇计算机,独创出一种算筹式手摇计算机。

- 电子计算机:一种能依照一定的程序自动控制的计算机。19 世纪初,法国的 J·M·雅卡尔发明了用穿孔卡片来控制的纺织机。1822 年,英国的 C·巴贝奇便根据同一原理制成了一部能执行计算程序的差分机,并于 1834 年设计了一部完全由程序控制的分析机,可惜受当时机械技术的限制而没有制成,但已包含了现代计算的基本思想和主要的组成部分。在 1880 年,美国的 H·霍勒里斯与 J·S·比林斯发明了电动穿孔卡片式计算机,能机械化地处理数据。20 世纪初,电子管的出现,使计算机的改革有了新的发展,并由于第二次世界大战的迫切的军事需要,美国宾夕法尼亚大学和有关单位在 1946 年制成了第一台电子计算机(ENIAC)。

电子计算机(又称电脑)在其发明后的几十年内得到高速发展,其使用的元件也已经历了四代的变化(第一代的电子管、第二代的晶体管、第三代的集成电路及第四代的大规模集成电路)。现在,电子计算机的功能已不止是一种计算工具,它已渗入了人类的活动领域,并改变着整个社会的面貌,使人类社会迈入一个新的阶段。

2.3.2　计算机硬件发展史

计算机硬件的发展以用于构建计算机硬件的元器件的发展为主要特征,而元器件的发展与电子技术的发展紧密相关,每当电子技术有突破性的进展,就会促进一次计算机硬件的重大变革。因此,计算机硬件发展史中的"代"通常以其所使用的主要器件,即电子管、晶体管、集成电路、大规模集成电路和超大规模集成电路来划分,见表 2.2。

表 2.2　计算机硬件的变迁

时　　期	元器件	代表机器
第一代	电子管	第一台计算机 ENIAC； 第一台通用电子计算机 EDVAC
第二代	晶体管	IBM 公司生产的 IBM-7904； CDC 公司生产的 CDC1604
第三代	集成电路	DEC 公司研制成功的 PDP-8,PDP-11,VAX-11
第四代	大规划集成电路	Cray 公司 1976 年推出的 Cray-1

● 第一代计算机(1946—1958)　以 1946 年 ENIAC 的研制成功为标志。这个时期的计算机都是建立在电子管基础上,体积大,运算速度慢。最初使用延迟线和静电存储器,容量很小,后来采用磁鼓,有了很大改进;输入设备是读卡机,可以读取穿孔卡片上的孔,输出设备是穿孔卡片机和行式打印机,速度很慢。在这个时代将要结束时,出现了磁带驱动器,它比读卡机快得多。

● 第二代计算机(1959—1964)　以 1959 年美国菲尔克公司研制成功的第一台大型通用晶体管计算机为标志。这个时期的计算机用晶体管取代了电子管,晶体管具有体积小、质量轻、速度快、寿命长等一系列优点,使计算机的结构与性能都有很大的改进。

● 第三代计算机(1965—1970)　以 IBM 公司研制成功的 360 系列计算机为标志。第三代计算机的特征是集成电路。这个时期的内存储器用半导体存储器淘汰了磁芯存储器,使存储容量和存取速度有了大幅度的提高;输入设备出现了键盘,使用户可以直接访问计算机;输出设备出现了显示器,可以向用户提供立即响应。

● 第四代计算机(1971 至今)　以 Intel 公司研制的第一代微处理器 Intel 4004 为标志,这个时期的计算机最为显著的特征是使用了大规模集成电路和超大规模集成电路。

2.3.3　计算机软件发展史

计算机软件技术发展很快。50 年前,计算机只局限于专家使用,今天,计算机的使用非常普遍,甚至幼儿都可以灵活操作;40 年前,文件不能方便地在两台计算机之间进行交换,甚至在同一台计算机的两个不同的应用程序之间进行交换也很困难,今天,网络在两个平台和应用程序之间提供了无损的文件传输;30 年前,多个应用程序不能方便地共享相同的数据,今天,数据库技术使得多个用户、多个应用程序可以互相覆盖地共享数据。了解计算机软件的进化过程,对理解计算机软件在计算机系统中的作用至关重要。

1.第一代软件(1946—1953)

第一代软件是用机器语言编写的,机器语言是内置在计算机电路中的指令,由0和1组成。例如,计算2+6在某种计算机上的机器语言指令如下:

10110000 00000110

00000100 00000010

10100010 01010000

第一条指令表示将"6"送到寄存器AL中,第二条指令表示将"2"与寄存器AL中的内容相加,结果仍在寄存器AL中,第三条指令表示将AL中的内容送到地址为5的单元中。

不同的计算机使用不同的机器语言,程序员必须记住每条及其语言指令的二进制数字组合,因此,只有少数专业人员能够为计算机编写程序,这就大大限制了计算机的推广和使用。用机器语言进行程序设计不仅枯燥费时,而且容易出错。想一想,在一页全是0和1的纸上找一个打错的字符是多么困难!

在这个时代的末期出现了汇编语言,它使用助记符(一种辅助记忆方法,采用字母的缩写来表示指令)表示每条机器语言指令,如ADD表示加,SUB表示减,MOV表示移动数据。相对于机器语言,用汇编语言编写程序就容易多了。例如,计算2+6的汇编语言指令如下:

MOV AL,6

ADD AL,2

MOV #5,AL

由于程序最终在计算机上执行时采用的都是机器语言,所以需要用一种称为汇编器的翻译程序,把用汇编语言编写的程序翻译成机器代码。编写汇编器的程序员简化了他人的程序设计,是最初的系统程序员。

2.第二代软件(1954—1964)

当硬件变得更强大时,就需要更强大的软件工具使计算机得到更有效地使用。汇编语言向正确的方向前进了一大步,但是程序员还是必须记住很多汇编指令。第二代软件开始使用高级程序设计语言(简称高级语言,相应地,机器语言和汇编语言称为低级语言)编写,高级语言的指令形式类似于自然语言和数学语言(如计算2+6的高级语言指令就是2+6),不仅容易学习,方便编程,也提高了程序的可读性。

IBM公司从1954年开始研制高级语言,同年发明了第一个用于科学与工程计算的FORTRAN语言。1958年,麻省理工学院的麦卡锡(John Macarthy)发明了第一个用于人工智能的LISP语言。1959年,宾州大学的霍普(Grace Hopper)发明了第一个用于商业应用程序设计的COBOL语言。1964年达特茅斯学院的凯梅尼(John Kemeny)和卡茨(Thomas Kurtz)发明了BASIC语言。

　　高级语言的出现产生了在多台计算机上运行同一个程序的模式,每种高级语言都有配套的翻译程序(称为编译器),编译器可以把高级语言编写的语句翻译成等价的机器指令。系统程序员的角色变得更加明显,系统程序员编写诸如编译器这样的辅助工具,使用这些工具编写应用程序的人,称为应用程序员。随着包围硬件的软件变得越来越复杂,应用程序员离计算机硬件越来越远了。那些仅仅使用高级语言编程的人不需要懂得机器语言和汇编语言,这就降低了对应用程序员在硬件及机器指令方面的要求。因此,这个时期有更多的计算机应用领域的人员参与程序设计。

　　由于高级语言程序需要转换为机器语言程序来执行,因此,高级语言对软硬件资源的消耗更多,运行效率也较低。由于汇编语言和机器语言可以利用计算机的所有硬件特性并直接控制硬件,同时,汇编语言和机器语言的运行效率较高,因此,在实时控制、实时检测等领域的许多应用程序仍然使用汇编语言和机器语言来编写。

　　在第一代和第二代软件时期,计算机软件实际上就是规模较小的程序,程序的编写者和使用者往往是同一个(或同一组)人。由于程序规模小,程序编写起来比较容易,也没有什么系统化的方法,对软件的开发过程更没有进行任何管理。这种个体化的软件开发环境使得软件设计往往只是在人们头脑中隐含进行的一个模糊过程,除了程序清单之外,没有其他文档资料。

　　3.第三代软件(1965—1970)

　　在这个时期,由于用集成电路取代了晶体管,处理器的运算速度得到了大幅度的提高,处理器在等待运算器准备下一个作业时,"无所事事"。因此需要编写一种程序,使所有计算机资源处于计算机的控制中,这种程序就是操作系统。

　　用作输入/输出设备的计算机终端的出现,使用户能够直接访问计算机,而不断发展的系统软件则使计算机运行得更快。但是,从键盘和屏幕输入输出数据是个很慢的过程,比在内存中执行指令慢得多,这就导致了如何利用机器越来越强大的能力和速度的问题。解决方法就是分时,即许多用户用各自的终端同时与一台计算机进行通信。控制这一进程的是分时操作系统,它负责组织和安排各个作业。

　　1967 年,塞缪尔(A.L.Samuel)发明了第一个下棋程序,开始了人工智能的研究。1968 年荷兰计算机科学家狄杰斯特拉(Edsgar W.Dijkstra)发表了论文《GOTO语句的害处》,指出调试和修改程序的困难与程序中包含 GOTO 语句的数量成正比,从此,各种结构化程序设计理念逐渐确立起来。

　　20 世纪 60 年代以来,计算机用于管理的数据规模更为庞大,应用越来越广泛,同时,多种应用、多种语言互相覆盖地共享数据集合的要求越来越强烈。为解决多用户、多应用共享数据的需求,使数据为尽可能多的应用程序服务,出现了数据库技术,以及统一管理数据的软件系统——数据库管理系统 DBMS。

随着计算机应用的日益普及,软件数量急剧膨胀,在计算机软件的开发和维护过程中出现了一系列严重问题,例如,在程序运行时发现的问题必须设法改正;用户有了新的需求必须相应地修改程序;硬件或操作系统更新时,通常需要修改程序以适应新的环境。上述种种软件维护工作,以令人吃惊的比例消耗资源,更严重的是,许多程序的个体化特性使得它们最终成为不可维护的,"软件危机"就这样开始出现了。1968 年,北大西洋公约组织的计算机科学家在联邦德国召开国际会议,讨论软件危机问题,在这次会议上正式提出并使用了"软件工程"这个名词。

4.第四代软件(1971—1989)

20 世纪 70 年代出现了结构化程序设计技术,Pascal 语言和 Modula-2 语言都是采用结构化程序设计规则制定的,Basic 这种为第三代计算机设计的语言也被升级为具有结构化的版本,此外,还出现了灵活且功能强大的 C 语言。

更好用、更强大的操作系统被开发了出来。为 IBM PC 开发的 PC-DOS 和为兼容机开发的 MS-DOS 都成了微型计算机的标准操作系统,Macintosh 机的操作系统引入了鼠标的概念和点击式的图形界面,彻底改变了人机交互的方式。

20 世纪 80 年代,随着微电子和数字化声像技术的发展,在计算机应用程序中开始使用图像、声音等多媒体信息,出现了多媒体计算机。多媒体技术的发展使计算机的应用进入了一个新阶段。

这个时期出现了多用途的应用程序,这些应用程序面向没有任何计算机经验的用户。典型的应用程序是电子制表软件、文字处理软件和数据库管理软件。Lotus 1-2-3 是第一个商用电子制表软件,WordPerfect 是第一个商用文字处理软件,dBase Ⅲ 是第一个实用的数据库管理软件。

5.第五代软件(1990 至今)

第五代软件中有 3 个著名事件:在计算机软件业具有主导地位的 Microsoft 公司的崛起、面向对象的程序设计方法的出现以及万维网(World Wide Web)的普及。

在这个时期,Microsoft 公司的 Windows 操作系统在 PC 机市场占有显著优势,尽管 WordPerfect 仍在继续改进,但 Microsoft 公司的 Word 成了最常用的文字处理软件。20 世纪 90 年代中期,Microsoft 公司将文字处理软件 Word、电子制表软件 Excel、数据库管理软件 Access 和其他应用程序绑定在一个程序包中,称为办公自动化软件。

面向对象的程序设计方法最早是在 20 世纪 70 年代开始使用的,当时主要是用在 Smalltalk 语言中。20 世纪 90 年代,面向对象的程序设计逐步代替了结构化程序设计,成为目前最流行的程序设计技术。面向对象程序设计尤其适用于规模较大、具有高度交互性、反映现实世界中动态内容的应用程序。Java、C++、C#等都是面向对象程序设计语言。

1990 年,英国研究员提姆·柏纳李(Tim Berners-Lee)创建了一个全球 Internet

文档中心,并创建了一套技术规则和创建格式化文档的 HTML 语言,以及能让用户访问全世界站点上信息的浏览器,此时的浏览器还很不成熟,只能显示文本。

软件体系结构从集中式的主机模式转变为分布式的客户机/服务器模式(C/S)或浏览器/服务器模式(B/S),专家系统和人工智能软件从实验室走出来进入了实际应用,完善的系统软件、丰富的系统开发工具和商品化的应用程序的大量出现,以及通信技术和计算机网络的飞速发展,使得计算机进入了一个大发展的阶段。

【课后练习】

一、选择题

1.世界上第一台电子计算机诞生于( )。

　　A.1942 年　　　　　B.1945 年　　　　　C.1946 年　　　　　D.1947 年

2.ENIAC 运用于( )。

　　A.数据处理　　　　B.科学计算　　　　C.人工智能　　　　D.辅助设计

3.标准的 ASCII 用( )位二进制来表示一个字符。

　　A.5　　　　　　　　B.6　　　　　　　　C.7　　　　　　　　D.8

4.字母"A"的 ASCII 是65,字母"G"的 ASCII 是( )。

　　A.67　　　　　　　B.69　　　　　　　C.72　　　　　　　D.73

5.ASCII 表中从小到大的顺序依次是( )。

　　A.数字,小写字母,大写字母　　　　　B.小写字母,数字,大写字母

　　C.数字,大写字母,小写字母　　　　　D.大写字母,小写字母,数字

6.11001001—01001110 的结果是( )。

　　A.00011011　　　　B.00010110　　　　C.00100110　　　　D.00010101

7.1010×0111 的结果是( )。

　　A.1100110　　　　B.1001010　　　　C.1000110　　　　D.1100110

8.在计算机中采用二进制,是因为( )。

　　A.二进制的运算法则简单　　　　　B.可以降低硬件成本

　　C.两个状态的系统更稳定　　　　　D.以上都是

9.C 语言程序属于第( )代软件。

　　A.1　　　　　　　　B.2　　　　　　　　C.3　　　　　　　　D.4

10.第五代软件中最具代表性的软件是( )。

　　A.数据库管理软件　B.WordPerfect　　C.办公自动化软件 D.C 语言

二、填空题

1.人类历史上第一台电子计算机的名字是＿＿＿＿＿＿＿＿＿＿。

2.11001101 ∨ 01100011 的结果是＿＿＿＿＿＿＿＿＿＿＿＿＿。

3.00111101 ∧ 11011011 的结果是＿＿＿＿＿＿＿＿＿＿＿＿＿。

4.01001101+10010110 的结果是＿＿＿＿＿＿＿＿＿＿＿＿＿。

5.标准的 ASCII 表最多能表示＿＿＿＿＿＿＿个字符。

6.国标码中常用汉字编码有＿＿＿＿＿个。

7.我们使用的笔记本电脑属于第＿＿＿＿代计算机。

8.目前常见的软件体系结构是＿＿＿＿＿＿＿和＿＿＿＿＿＿＿＿。

9.4+5 在计算机内的结果是＿＿＿＿＿＿＿＿。

三、简答题

1.计算思维的定义是什么？

2.计算思维与计算机思维的区别是什么？

3.简述计算机使用二进制编码的原因。

4.简述计算机硬件的发展历史。

5.简述计算机软件的发展历史。

第3章 问题求解之程序思维

3.1 信息的数字化

3.1.1 信息与信息量

1.信息

（1）信息的概念

信息，指音信、消息、通信系统传输和处理的对象，泛指人类社会传播的一切内容。人通过获得、识别自然界和社会的不同信息来区别不同事物，得以认识和改造世界。在一切通信和控制系统中，信息是一种普遍联系的形式。创建一切宇宙万物的最基本万能单位是信息。

"信息"一词在英文、法文、德文、西班牙文中均是"information"，日文中为"情报"，我国古代用的是"消息"。其作为科学术语最早出现在哈特莱（R.V.Hartley）于1928年撰写的《信息传输》一文中。20世纪40年代，信息的奠基人香农（C.E. Shannon）给出了信息的明确定义，此后许多研究者从各自的研究领域出发，给出了不同的定义。具有代表意义的表述如下：

信息奠基人香农（Shannon）认为："信息是用来消除随机不确定性的东西"，这一定义被人们看作是经典性定义并加以引用。

控制论创始人维纳（Norbert Wiener）认为"信息是人们在适应外部世界，并使这种适应反作用于外部世界的过程中，同外部世界进行互相交换的内容和名称"，它也被作为经典性定义加以引用。

美国著名物理化学家吉布斯（Josiah Willard Gibbs）创立了向量分析并将其引入数学物理中，使事件的不确定性和偶然性研究找到了一个全新的角度，从而使人类在科学把握信息的意义上迈出了第一步。他认为"熵"是一个关于物理系统信息不足的量度。

我国著名的信息学专家钟义信教授认为"信息是事物存在方式或运动状态，以这种方式或状态直接或间接的表述"。

美国信息管理专家霍顿（F.W.Horton）给信息下的定义是："信息是为了满足用

户决策的需要而经过加工处理的数据。"简单地说,信息是经过加工的数据,或者说,信息是数据处理的结果。

根据对信息的研究成果。科学的信息概念可以概括如下:信息是对客观世界中各种事物的运动状态和变化的反映,是客观事物之间相互联系和相互作用的表征,表现的是客观事物运动状态和变化的实质内容。

(2)信息传递的发展

在远古时期,信息传递采用口耳相传或借助器物;信息传递速度慢、不精确;靠驿差长途跋涉传递;信息形式单一。

在近代,信息传递依靠交通工具的邮政系统;信息传递速度相对快一些,但距离远仍然较慢、且费用高。

在现代,信息传递采用电报、电话;速度快、信息文字单一。

在当代,信息传递采用计算机网络,传递的信息量大、信息多样化,传递速度极快、不受地域阻碍。

(3)信息的特点

根据信息的概念,可以归纳出以下几个特点:

- 消息 x 发生的概率 $P(x)$ 越大,信息量越小;反之,发生的概率越小,信息量就越大。可见,信息量(用 I 来表示)和消息发生的概率是相反的关系。
- 当概率为 1 时,百分百发生的事,地球人都知道,所以信息量为 0。
- 当一个消息是由多个独立的小消息组成时,那么这个消息所含信息量应等于各小消息所含信息量的和。

根据这几个特点,如果用数学上对数函数来表示,就正好可以表示信息量和消息发生的概率之间的关系式:$I = -\log_a(P(x))$。通常以比特(bit)为单位来计量信息量,因为一个二进制波形的信息量恰好等于 1 bit。

2.信息量

信息量通俗地讲,就是信息多少的量度。

1928 年,R.V.L.哈特莱首先提出信息定量化的初步设想,他将消息数的对数定义为信息量。若信源有 m 种消息,且每个消息是以相等可能产生的,则该信源的信息量可表示为 $I = \log m$。但对信息量作深入而系统研究,还是从 1948 年 C.E.香农的奠基性工作开始的。在信息论中,他认为信源输出的消息是随机的。即在未收到消息之前,是不能肯定信源到底发送什么样的消息。而通信的目的也就是要使接收者在接收到消息后,尽可能多的解除接收者对信源所存在的疑义(不定度),因此这个被解除的不定度实际上就是在通信中所要传送的信息量。

所谓信息量是指从 N 个相等可能事件中选出一个事件所需要的信息度量或含量,也就是在辩识 N 个事件中特定的一个事件的过程中所需要提问"是或否"的最少次数。

香农(C.E.Shannon)在信息论中应用概率来描述不确定性。信息是用不确定性的量度定义的。一个消息的可能性越小,其信息越多;而消息的可能性越大,则其信息越少。事件出现的概率小,不确定性越多,信息量就大,反之则少。

在数学上,所传输的消息是其出现概率的单调下降函数。如从 64 个数中选定某一个数,提问:"是否大于 32?",则不论回答是与否,都消去了半数的可能事件,如此下去,只要问 6 次这类问题,就可以从 64 个数中选定一个数。我们可以用二进制的 6 个位来记录这一过程,就可以得到这条信息。

计算方法,信息论创始人香农(C.E.Shannon)1938 年首次使用比特(bit)概念:$1(bit) = \log_2 2$。它相当于对两个可能结局所作的一次选择量。信息论采用对随机分布概率取对数的办法,解决了不定度的度量问题。m 个对象集合中的第 i 个对象,按 n 个观控指标测度的状态集合的全信息量 $T_I = \log_2 n$。从试验后的结局得知试验前的不定度的减少,就是香农界定的信息量,即自由信息量 $F_I = -\sum p_i \log_2 p_i$,$(i = 1, 2, \cdots, n)$。式中 p_i 是与随机变量 x_i 对应的观控权重,它趋近映射其实际状态的分布概率。由其内在分布构成引起的在试验前的不定度的减少,称为先验信息或约束信息量。风险是潜藏在随机变量尚未变之前的内在结构能(即形成该种结构的诸多作用中还在继续起作用的有效能量)中的。可以显示、映射这种作用的是约束信息量 $B_I = T_I - F_I$。

研究表明,m 个观控对象、按 n 个观控指标进行规范化控制的比较收益优选序,与其自由信息量 F_I 之优选序趋近一致;而且各观控对象"越自由,风险越小";约束信息量 B_I 就是映射其风险的本征性测度,即风险熵。

把信息描述为信息熵,是状态量,其存在是绝对的;信息量是熵增,是过程量,是与信息传播行为有关的量,其存在是相对的。在考虑到系统性、统计性的基础上,认为:信息量是因具体信源和具体信宿范围决定的,描述信息潜在可能流动价值的统计量。本说法符合熵增原理所要求的条件:①"具体信源和信宿范围"构成孤立系统,信息量是系统行为而不仅仅是信源或信宿的单独行为。②界定了信息量是统计量。此种表述还说明,信息量并不依赖具体的传播行为而存在,是对"具体信源和具体信宿"的某信息潜在可能流动价值的评价,而不是针对已经实现了的信息流动的。由此,信息量实现了信息的度量。

信息量的多少是与事件发生频繁(即概率大小)成反比。

● 如已知事件 X_i 已发生,则表示 x_i 所含有或所提供的信息量 $H(x_i) = -\log_2 p_i$。

例题:若估计在一次国际象棋比赛中谢军获得冠军的可能性为 0.1(记为事件 A),而在另一次国际象棋比赛中她得到冠军的可能性为 0.9(记为事件 B)。试分别计算当你得知她获得冠军时,从这两个事件中获得的信息量各为多少?

$H(\text{A}) = -\log_2 p(0.1) \approx 3.32\,(\text{比特})$

$H(\text{B}) = -\log_2 p(0.9) \approx 0.152\,(\text{比特})$

- 统计信息量的计算：

例题：向空中投掷硬币，落地后有两种可能的状态，一种是正面朝上；另一种是反面朝上，每个状态出现的概率为 1/2。如投掷均匀的正六面体的骰子，则可能会出现的状态有 6 个，每一个状态出现的概率均为 1/6。试通过计算来比较骰子状态的不肯定性与硬币状态的不肯定性的大小。

其中，x_i——表示第 i 个状态（总共有 n 种状态）；

$p(x_i)$——表示第 i 个状态出现的概率；

$H(x)$——表示用以消除这个事物的不确定性所需的信息量。

$H(\text{硬币}) = -(2 \times 1/2) \times \log_2 p(1/2) \approx 1\,(\text{比特})$

$H(\text{骰子}) = -(1/6 \times 6) \times \log_2 p(1/6) \approx 2.6\,(\text{比特})$

由以上计算可以得出两个推论：

① 当且仅当某个 $p(x_i) = 1$，其余的都等于 0 时，$H(x) = 0$。

② 当且仅当某个 $p(x_i) = 1/n$，$i = 1, 2, \cdots, n$ 时，$H(x)$ 有极大值 $\log_2 n$。

3.1.2　信息的数字化

1. 数据的类型

程序是用来处理数据的，因此数据是程序的重要组成部分。程序中通常有两种数据：常量和变量。

常量是指在程序运行过程中其值始终不发生变化的量，通常是固定的数值或字符串。例如，55、40、−300、"Hello！""Good"等都是常量。常量可以在程序中直接使用，如"X = 30 * 40；"是一条程序语句（表示将 30×40 的结果赋值给 X），30 和 40 都是常量，可以直接在程序中使用以表示数值 30 和 40。

变量是指在程序运行过程中其值可以发生变化的量。在符号化程序设计语言中，变量可以用指定的名字来代表，换句话说，变量由两部分组成：变量的"标识符"（又称"名字"和变量的"内容"（又称"值"）。变量的内容在程序运行过程中是可以变化的。例如，一个变量的名字为 Exam，其内容可以为 50，也可以为 70。变量就像一个房间一样，变量名相当于房间的房间号，内容相当于居住于房间的不同的人员等。

在程序中，变量最常见的有 3 种类型：数值型、字符型和逻辑型。数值型通常包括整型和实型（一般按二进制进行存储）。字符型表示该变量的值是由字母、数字、符号甚至汉字等构成的字符串（一般按 ASCII 码和汉字内码进行存储）。逻辑型也称布尔型，表示该变量的值只有两种："真"和"假"，本书直接将其表示为 True 和 False。

变量可以在使用过程中被重新赋值。赋值是用一个赋值符号"="来连接一个变量名和一个值,变量名写在赋值符号的左侧,欲赋给变量的值写在赋值符号的右侧,其表示将值赋给变量。例如,"Exam=50;"表示将50赋值给变量Exam。当重新给变量赋值如"Exam=70;"时,新赋的值将替换掉原来的值。也可把各种表达式的值(机器会自动计算表达式的结果)赋给变量。

2.运算符

程序对数据的处理是通过一系列运算来实现的,运算通常是由运算符来表达的。常见的有3类运算符:算术运算符、关系运算符和逻辑运算符。算术运算符是最常见的,即加、减、乘、除等,所采用的符号就是常用的+、-、*、/。例如,"300 * P1""Area/20""(200+100) * 50/30"等都是应用算术运算符的例子。算术运算的结果是一个整型或实型的数值。乘幂一般用"^"表示,如2^3,表示为"2^3"。

关系运算符用于比较两个值之间的大小关系,有以下几种:>,>=,<,<=,==,<>(不等于)。关系运算的结果是一个逻辑值,即True和False。如果大小关系成立,结果为True,否则为False。注意,比较的两个值应属于同种数据类型,如3>=2成立,其结果为True;6<>6不成立,其结果为False;"PA">"PB"不成立,其结果为False。

逻辑运算符用于对逻辑值进行逻辑操作,即与运算、或运算、非运算和异或运算等。不同语言表达逻辑运算符的方法也不同,如有的使用"and"表示与运算、"or"表示或运算;有的使用"&&"表示与运算、"‖"表示或运算。注意,在逻辑运算表达式中,参与运算的量必须是逻辑型的,运算结果也是逻辑型的。

各种运算符把不同类型的常量和变量按照语法要求连接在一起就构成了表达式。根据表达式中的运算符类型不同,表达式分为算术表达式、关系表达式、逻辑表达式等。这些表达式还可以用括号复合起来形成更复杂的表达式。表达式的运算结果可以赋给变量,或者作为控制语句的判断条件。需要注意的是,单个变量或常量也可以看作是一个特殊的表达式。下面给出若干表达式的示例,注意"//"后面的内容是对该语句或表达式的解释。

X=100;　　　　　　　// 表示将100送到X中保存

X=2^3;　　　　　　　// 表示将2的3次方送到X中保存

X=X+100;　　　　　　// 表示将X的值加上100后的结果再送回X中保存

M=X>Y+50;　　　　　// 将X和Y+50的比较结果赋给变量M。如果已知X=10,Y=-30,则表达式结果为False,即M=False;如果已知X=100,Y=10,M表达式的结果将为True,即M=True。M的值将依赖于变量X和Y的值来确定

N＝(A－B)<=(A+B)；　　　// 将 A－B 和 A+B 的比较结果赋给变量 N。如

果已知 A＝10,B＝－20,则表达式的结果将为

False,即 N＝False;如果已知 A＝90,B＝20,则

表达式的结果将为 True,即 N＝True。N 的值

将依赖于变量 A 和 B 的值来确定

M＝(X>Y)And(X<Y)；　　　// 不管 X、Y 取何值,X>Y 和 X<Y 中都至多有一

个为 True。因此整个表达式的结果将始终为

False,即 M＝False

N＝(X>=Y)Or(X<Y)；　　　// 不管 X、Y 取何值,X>=Y 和 X<Y 中都至少有

一个为 True。因此整个表达式的结果将始终

为 True,即 N＝True

K＝((A>B)Or(B>C))And(A<B)OR(B<C))；

// 假设 A＝25,B＝19,C＝25,则 K＝True;假设 A

＝25,B＝19,C＝16,则 K＝False。K 的值依赖

于 A、B、C 的值来确定

3.1.3　程序构造及其表达方法

如果忽略函数的定义与调用细节,我们可以看到:传统程序的构造即是识别并编写一个个函数的过程,以及将一个个函数装配形成主函数的过程,如图 3.1 所示。一个函数可以被另一个函数调用,也可以调用若干其他函数,以完成相应的功能。每个函数都是由常量与变量、表达式、程序语句、其他函数等构成的程序段落,又被称为子程序。

```
Main(…)
{
    …
    Func1(…);
    …
    Func2(…);
    …
    Func3(…);
    …
}
```

```
Int Func1(…)
{
    …// Func1(…)的函数体,即语句列
}
Int Func2(…)
{
    …// Func2(…)的函数体,即语句列
    …Func4(…);
}
Int Func3(…)
{
    …// Func3(…)的函数体,即语句列
    …Func5(…);
}
```

```
Int Func4(…)
{
    …// Func4(…)的函数体,
    即语句列
}
Int Func5(…)
{
    …// Func5(…)的函数体,
    即语句列
}
```

图 3.1　传统程序框架,函数与函数调用示意

计算科学的主要目标是进行问题求解,而其关键是寻找并表达求解问题的一系列步骤,即算法。如果表达算法的这些步骤能细化到前述的程序语句,则为一个程序。前面看到,程序是按照某种计算机语言所循的语法和规则书写的语句序列,如果忽略程序书写的语法规则,而专注于算法,则我们可用相对高层的抽象结构和方法来表达算法和程序。

算法的基本控制结构有以下几种:

- 顺序结构:其形式是"执行 A,然后执行 B",以这种控制结构组合在一起的语句或语句段落 A 和 B 是按次序逐步执行的。
- 分支结构:其形式是"如果条件 Q 成立,那么执行 A,否则执行 B",或者是"如果条件 Q 成立,那么执行 A",其中 Q 是某些逻辑条件。
- 循环结构:用于控制语句或语句段落的多次执行,也称为迭代,有如下两种基本形式。

有界循环:其形式为"执行语句或语句段落 A 共 N 次",其中 N 是一个整数。

条件循环:某些时候称为无界循环,其形式为"重复执行语句或语句段落 A 直到条件 Q 成立"或"当条件 Q 成立时,反复执行语句或语句段落 A",其中 Q 是条件。

一个算法可能需要多种控制结构的组合,顺序、分支、循环等结构可以互相嵌套。例如,可以将循环结构嵌套,形成嵌套循环,其典型形式是"执行 A 语句段落 N 次",其中 A 本身可能是"重复执行 B 语句段落直到条件 C 成立",在这个过程中,外循环会执行 N 次,且外循环的每次执行,内循环会重复执行直到条件 C 成立,这里外循环是有界的,而内循环是条件性的。当然,其他各种组合都是可以的。

算法和程序都是对求解过程的精确描述,这种描述除了可用前面介绍的计算机语言来表达外,还可用其他方法来描述,如程序流程图、自然语言的步骤描述法、伪代码等。

程序流程图是描述算法和程序的常用工具,采用美国国家标准化协会(American National Standard Institute, ANSI)规定的一组图形符号来表示算法。流程图可以很方便地表示顺序、分支和循环结构。另外,用流程图表示的算法不依赖于任何具体的计算机和计算机程序设计语言,从而有利于不同环境的程序设计。流程图用文字、连接线和几何图形描述程序执行的逻辑顺序。文字是程序各组成部分的功能说明,连接线用箭头指示执行的方向,几何图形表示程序操作的类型,其含义和示例如图 3.2 和图 3.3 所示。

图 3.4 给出了典型算法/程序结构的流程图。

步骤描述法即用人们日常使用的自然语言和数学语言描述算法的步骤。例如,sum $=1+2+3+4+\cdots+n$ 的求和问题的算法描述。

Start of the algorithm(算法开始)

①输入 n 的值;

②设 i 的位为 1;sum 的位为 0;

③如果 i<=n,则执行第④步,否则转到第⑦步执行;

④计算 sum+i,并将结果赋给 sum;

⑤计算 i+1,并将结果赋给 i;

⑥返回到第③步继续执行;

⑦输出 sum 的结果。

End of the algorithm(算法结束)

注意:自然语言表示的算法容易出现二义性、不确定性等问题。

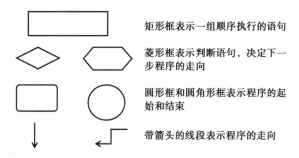

矩形框表示一组顺序执行的语句

菱形框表示判断语句,决定下一步程序的走向

圆形框和圆角形框表示程序的起始和结束

带箭头的线段表示程序的走向

图 3.2　程序流程图要素的表示及其含义

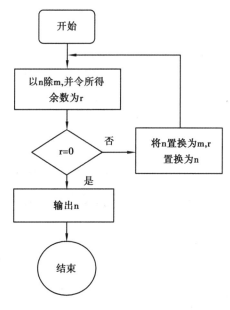

图 3.3　程序流程图示例

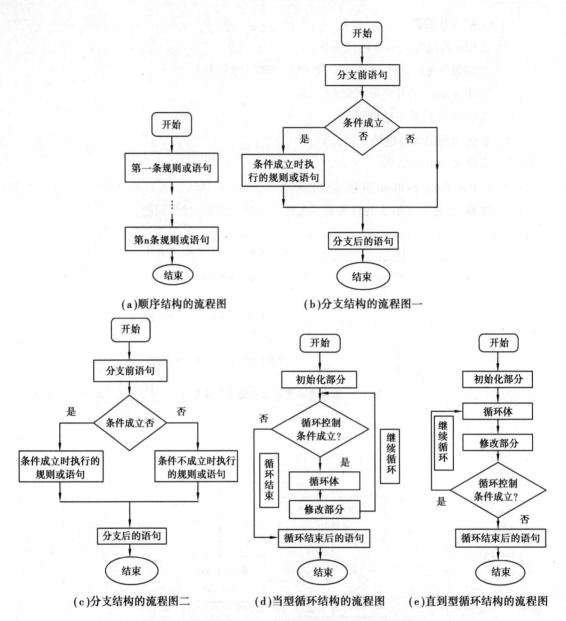

图 3.4　几种典型的程序与算法的逻辑结构的流程图表示

3.2　排序问题

3.2.1　基本排序算法

内排序算法：内存中数据的排序算法

首先假设待排序的数据有 N 个元素。为叙述方便，以其关键字来表示，且关键字的值为自然数。N 个元素可以全部读入到内存中，假设其关键字放在一数组

A[1…N]中,元素随关键字的移动相应移动。

怎样对这 N 个元素进行排序呢? 一种典型的排序思路是类似于打扑克牌时,一边抓牌一边理牌的过程,每抓一张牌就把它插入到适当的位置,牌抓完了,也理完了。这种策略称为插入排序。以递增排序为例,假设当前要处理第 i 个元素 A[i],第 1 到 i-1 个元素已经排好序并存储在 A[1]至 A[i-1]的数组中,如果 A[i]比前面的 i-1 个元素值都大,则 A[i]位置不变,如果 A[i]比前面自 A[i-1]往 A[1]方向排列的 k 个元素之值都小,则使这 k 个元素依次向后移动一个位置,空出的位置便是 A[i]应该放置的地方。其算法简要描述如下:

	INSERTION-SORT(A)	/*插入法之递增排序*/
①	for i=2 to N	
②	{ key=A[i];	/*key 为待插入的未排序的数组元素,从第2-N个循环进行处理。对每个 i,数组中 A[1]到 A[i-1]的元素已经排好序,接着要使 A[i]摘入到适当位置,以使 A[1]到 A[i-1]排好序*/
③	j=i-1;	/*从排好序的最后一个元素开始检查*/
④	While(j>0 and A[j]>key) do	
⑤	{ A[j+1]=A[j];	
⑥	j=j-l;}	/*上面循环表示,如果 A[j]>key,则要将已排序数组元素向后移动为 key 留出位置*/
⑦	A[j+1]=key;	
⑧	}	/*算法结束*/

另外一种典型的排序思路是一个轮次一个轮次地处理。首先在所有数组元素中找出最小值的元素,放在 A[1]中;接着在不包含 A[1]的余下的数组元素中再找出最小值的元素,放置在 A[2]中;如此下去,一直到最后一个元素。这种排序策略称为简单选择排序。其算法简要描述如下:

	SELECTION-SORT(A)	/*简单选择法-递增排序*/
①	for i=1 to N-1	/*从第一个元素开始处理,直到第 N-1 个元素。A[l]到 A[i]的数组元素已经排好序;下面的循环是将 A[i]至 A[N]的元素中最小值找出。放在 A[i]中*/
②	{ k=i;	
③	for j=i+1 to N	
④	{ if A[j]<A[k] then k=j;}	/*将最小值元素的位 j 保存在 k 中*/
⑤	if k<>i then	
⑥	{	/*如果 k 不等于 i 则说明找到新的最小值A[k]则交换 A[k]和 A[i]元素*/

⑦　　　　temp = A[k];

⑧　　　　　A[k] = A[i];

⑨　　　　　A[i] = temp;

⑩　　　}

⑪　}　　　　　　　　　　　　　　/* 算法结束 */

　　与此算法相似,第三种典型的排序思路也是一个轮次一个轮次地处理,在每轮次中依次对排序数组元素中相邻的两个元素进行比较,将大的元素放在前,小的元素放在后,即递减排序(或者将小的元素放在前、大的元素放在后,即递增排序)。这样,经过一轮比较和移位后,待排序数组元素中最小(大)的元素就会被找到,并将其放到这组元素的尾部。不难看出,我们将进行 N-1 次比较和最多 N-1 次的移位。现在,待排序元素的个数减少为 N-1。

　　对剩余的 N-1 个待排序元素执行上述过程,经过 N-2 次比较和最多 N-2 次移位后,N-1 个元素中最小(大)的元素已找到,并已放到这组元素的尾部。此时,待排序元素的个数减少为 N-2,而最小的两个元素已找到,并已排好顺序。不难看出,随着上述过程的重复执行,排好顺序的元素逐渐增多,而待排序的元素逐渐减少。

　　何时所有的元素都已被排好顺序呢,即排序过程可以停止呢? 显然,当待排序的元素的个数减少到 1 时,这一过程即停止。此时共进行了 N-1 轮比较和交换。也可能在某一轮次处理时没有任何两个元素可交换,亦可终止,表示已经对所有元素排好序。其算法简要描述如下:

BUBBLE-SORT(A)　　　　　　　/* 冒泡排序法之递增排序 */

① for i = 1 to N-1　　　　　　/* 从第一轮迭代开始,最多迭代 N-1 轮 */

②　{ haschange = false;　　　　/* 设置轮次中有无互换标志,如果其为false,则表示无交换发生;为 true,则表示有交换发生 */

③　　for j = 1 to N-i

④　　　{ if A[j] > A[j+1] then　/* 每轮都使 A[j]与 A[j+1]两两比较,若A[j]大,则交换 A[j]与 A[j+1] */

⑤　　　　{ temp = A[j];

⑥　　　　　A[j] = A[j+1];

⑦　　　　　A[j+1] = temp;

⑧　　　　　haschange = true;

⑨　　　　}

⑩　　　}

⑪　　if(haschange == false) then break;

　　　　　　　　　　　　　　　/* 如果本轮没有交换发生,则终止循环,算法结束 */

⑫　}　　　　　　　　　　　　　/* 算法结束 */

以递增排序为例,冒泡排序的每轮次都会找到一个最大元素放在数据集合的尾部,注意它与选择法的不同:选择法每轮次仅比较而没有交换,直至找到最小值(或最大值)后做一次交换;而冒泡法的每轮次是通过依次比较相邻两个元素的方法来找到最小值(或最大值),如果前一元素比后一元素大(或小),则交换前后两个元素,交换可能频繁发生。

3 种排序算法的模拟执行过程如图 3.5 所示。

图 3.5(a)为插入排序之递增排序,示意了元素 19 腾挪空间的过程。三角形左侧为已排好序的元素,右侧为未排序的元素。▲为待插入的元素,△为新插入的元素。

图 3.5(b)为选择排序之递增排序,◆代表本轮要找的最小元素所在位置,■代表本轮为止找到的最小元素所在位置。◆左侧为已排好序的元素,其右侧各元素依次与■所指元素进行比较。双箭头代表两元素应互换位置。

图 3.5(c)为冒泡排序之递减排序,其中圆点指示本轮待比较的两个元素,双箭头代表两元素应互换位置。

可从以下几个角度分析 3 种算法的性能:

①排序算法的时间复杂度。3 种排序算法的时间复杂度均为 $O(N^2)$。

②空间复杂度。一方面,3 个算法均需要将所有的数据加载在内存中进行运算(比较、交换);另一方面,它们也是一种原地算法((in-place),即只需要很小的、固定数量的额外空间进行排序操作,如冒泡排序算法中所需的额外交换空间仅是一个变量 Temp(以及其所对应的原始数据元素,暂被忽略之),空间复杂度为 $O(1)$。

③稳定度的角度。冒泡排序和插入排序算法都是稳定的,即当有两个数据元素 R 和 S,它们用作排序依据的关键字之值相等,且在原始数据中 R 出现在 S 之前,那么在排序后的数据中,R 也将会在 S 之前。由于排序算法对其他复杂算法的影响,人们不断地在研究新的排序算法。例如,已出现的快速排序法的基本思想:从待排序列中任取一个元素(如取第一个)作为中心,所有比它小的元素一律放在左侧,所有比它大的元素一律放在右侧,形成左右两个子序列;再对各子序列重新选择中心元素并依此规则调整,直到每个子序列中只剩一个元素,此时整个序列便成为有序序列了。

	1	2	3	4	5	6	7	8	9	10	
A	12	7▲	49	78	19	33	66	50	51	80	I = 2
A	7	12	49▲	78	19	33	66	50	51	80	I = 3
A	7	12	49	78▲	19	33	66	50	51	80	I = 4
A	7	12	49	78	19▲	33	66	50	51	80	I = 5
A	7	12	49	78 →78	33	66	50	51	80		I = 5
A	7	12	49 →49	78	33	66	50	51	80		I = 5
A	7	12	19	49	78	33	66	50	51	80	I = 5

······

| A | 7 | 12 | 19△ | 33 | 49 | 50 | 51 | 66 | 78 | 80 | I = 9 |

(a)插入排序之递增排序

	1	2	3	4	5	6	7	8	9	10	
A	12	7	49	78	19	33	66	50	51	80	I = 1
A	7	12	49	78	19	33	66	50	51	80	I = 3
A	7	12	19	78	49	33	66	50	51	80	I = 4
A	7	12	19	78	49	33	66	50	51	80	I = 4
A	7	12	19	33	78	49	66	50	51	80	I = 4
					……						
A	7	12	19	33	49	50	51	66	78	80	I = 9

（b）选择排序之递增排序

	1	2	3	4	5	6	7	8	9	10	
A	12	7	49	78	19	33	66	50	51	80	I = 1, j = 1
A	12	7	49	78	19	33	66	50	51	80	I = 1, j = 2
A	12	49	7	78	19	33	66	50	51	80	I = 1, j = 3
A	12	49	78	7	19	33	66	50	51	80	I = 1, j = 4
A	12	49	78	19	33	66	50	51	7	80	I = 1, j = 9
A	12	49	78	19	33	66	50	51	80	7	I = 2, j = 1
					……						
A	78	80	66	51	50	49	33	19	12	7	I = 8, j = 1
A	80	78	66	51	50	49	33	19	12	7	I = 9, j = 1

（c）冒泡排序之递增排序

图 3.5　三种基本排序算法的排序过程的简单示意图

　　还有一些排序算法需要借助一些数据结构来实现，如桶排序、基数排序、堆排序等，读者可以参阅相关书籍进一步学习。

3.2.2　排序算法的现实应用

　　【潜水比赛】在马其顿王国举行了一次潜水比赛。其中一个项目是从高山上跳下水，再潜水到达终点。这是一个团体项目，一支队伍由 n 个人组成。在潜水时必须使用氧气瓶，但是每只队伍只有一个氧气瓶。最多两人同时使用一个氧气瓶，但此时两人必须同步游泳，因此两人达到终点的时间等于较慢的一个人单独游到终点所需要的时间。好在大家都很友好，因此任何两个人都愿意一起游泳。安排一种潜水的策略，使得最后一名选手尽量先达到终点。

输入：第一行　　队伍的人数 n（n<=1000）。

　　　第二行　　n 个数，分别是 n 个人潜水所用的时间 ti（n<=1000）。

如下列样例所示:

输入:第一行 3

第二行 1 3 4

输出结果为8。

分析:

先从简单入手:

(1)n=2,时间 t: 1   10   所需的时间为:10

(2)n=3,时间 t: 1   3   4   所需的时间为:3+1+4=8

(3)n=4,时间 t: 1   10   11   12   所需的时间为:10+1+11+1+12=35

贪心策略方法一:

n 个人:每个人所需的时间:t1,t2,…,tn。假设 t1 最小。

每次由 t1 接送人和氧气瓶,则总时间:s=t2+t3+…+tn+(n-2)*t1

(4)n=4,每个人所用时间:1   2   5   8

用贪心策略方法一:计算所用的总时间为2+5+8+1*2=17。

事实上:采用下面策略:

第一步:1   2 一起先过,用时:2

第二步:1   送回氧气瓶,用时:1

第三步:5   8 一起过,用时:8

第四步:2 送回氧气瓶,用时:2

第五步:1 和 2 一起过去,用时:2(完成)。

共用时:2+1+8+2+2=15<17。

贪心策略方法二:

将 n 个人的时间从小到大排序,假设从小到大为:t1,t2,…,tn

第一步:t1 和 t2 过,用时:t2

第二步:t1 带瓶返回,用时:t1

第三步:最大的两个人 tn tn-1 过,用时:tn

第四步:t2 带瓶返回,用时:t2

把以上看作一趟:把用时最长的两个人 tn,tn-1 送过去,用时:2*t2+t1+tn

重复上述过程:用 t1 和 t2 把 tn-2,tn-3 送过去,用时:2*t2+t1+tn-2

每趟都用 t1 和 t2,每趟运送 2 人。

最后如果剩 2 人:t1,t2   用时:t2

最后如果剩 3 人:t1,t2,t3   用时:t1+t2+t3

(5)n=5,时间:1   10   11   12   100   101

按照贪心策略方法二:计算总时间为165。

用贪心策略方法一：

第一步：1　10 一起先过，用时：10

第二步：1　送回氧气瓶，用时：1

第三步：100　101 一起先过，用时：101

第四步：10　送回氧气瓶，用时：10

第五步：1　12 一起先过，用时：12

第六步：1　送回氧气瓶，用时：1

第七步：1　11 一起先过，用时：11

第八步：1　送回氧气瓶，用时：1

第九步：1　10 一起先过，用时：10（完成）

共用时：157。

贪心策略方法三：

每一趟送用时间最长的两个人：根据情况选择：用 t1 和 t2 两个人还是只用 t1 一个人。

用 t1 和 t2 送一趟用时：$x = 2 * t2 + t1 + tn$

用 t1 一个人送一趟（2 人）：$y = 2 * t1 + tn + tn-1$

每送一趟都要比较 x 和 y 的大小：

If　x>y　then 用 t1 送　else　用 t1 和 t2 送

贪心策略方法三算法：

数组 a 用于存时间，把时间从小到大排序。实现程序如下：

```
sum:=0;
if odd(n)then begin sum:=sum+a[2]+a[1]+a[3] end else sum:=sum+a[2];
i:=n;
while i>3 do
begin
    x:=2*a[2]+a[1]+a[i];              {用 a1 和 a2 送一趟}
    y:=2*a[1]+a[i]+a[i-1];           {用 a1 送一趟}
    if x<y  then sum:=sum+x else sum:=sum+y;
    dec(i,2);{i=i-2:每趟送两人}
end;
writeln(sum);
```

3.3 递归问题

3.3.1 递归算法

1.算法定义

递归算法(Recursion Algorithm)是把问题转化为规模缩小了的同类问题的子问题,然后通过递归调用函数(或过程)来求解。一个程序过程(或函数)直接或间接调用自己本身,这种过程(或函数)称为递归过程(或函数)。

递归调用分为两种情况:直接递归和间接递归。直接递归是指在过程中调用方法本身。间接递归即间接地调用一个过程。递归是计算机科学的一个重要概念。递归策略只需少量的程序就可描述出解题过程所需要的多次重复计算,大大地减少了程序的代码量。递归的能力在于用有限的语句来定义对象的无限集合。一般来说,递归需要有边界条件、递归前进段和递归返回段。当边界条件不满足时,递归前进;当边界条件满足时,递归返回。

(1)递归程序的执行过程

递归程序在执行过程中,一般具有如下模式:

①调用程序的返回地址、相应的调用前变量保存在栈中。

②执行被调用的程序或函数。

③若满足退出递归的条件,则退出递归,并从栈顶上弹回返回地址、返回变量的值,继续沿着返回地址,向下执行程序。

④否则继续递归调用,只是递归调用的参数发生变化:增加一个量或减少一个量,重复执行直到递归调用结束。

(2)递归算法所体现的"重复"要求

递归算法所体现的"重复"一般有3个要求:

①每次调用在规模上都有所缩小(通常是减半)。

②相邻两次重复之间有紧密的联系,前一次要为后一次做准备(通常前一次的输出作为后一次的输入)。

③问题的规模极小时必须用直接给出解答而不再进行递归调用,所以每次递归调用都是有条件的(以规模未达到直接解答的大小为条件),无条件递归调用将会成为死循环而不能正常结束。

(3)递归与递推算法的比较

递推与递归是两种不同的算法。它们的称谓相似,所以容易混淆。从选用数据结构的层面看,递推通常采用数组,递归需要采用堆栈。相对于递归算法,递推算法免除了数据进、出栈的过程,即不需要函数不断地向边界值靠拢,而直接从边界出发,直到求出函数值。

比如,阶乘函数 $F(n)=n×F(n-1)$,在 $F(3)$ 的运算过程中,递归的数据流动过程如下:

$$F(3)\{F(i)=F(i-1)×i\}→F(2)→F(1)→F(0)\{F(0)=I\}$$
$$→F(1)→F(2)→F(3)\{F(3)=6\}$$

而递推如下:

$$F(0)→F(1)→F(2)→F(3)$$

由此可见,递推的效率要高一些,在可能的情况下应尽量使用递推。但是递归作为比较基础的算法,它的作用不能忽视。所以在把握两种算法的时候应该特别注意区分和选择。

2.算法特点

根据递归算法的定义,可以发现该算法有如下特点:

①递归过程一般通过函数或子过程来实现。

②在函数或子过程的内部,直接或者间接地调用自身。

③常用于一些数学计算并有明显的递推性质的问题。

④在使用递归策略时,必须有一个明确的递归结束条件,称为递归出口。

⑤在递归调用的过程当中,系统为每一层的返回点、局部量等开辟了栈来存储。

递归算法的优点是程序代码简洁清晰,可读性好。

递归算法的缺点是递归形式比非递归形式运行速度慢。如果递归层次太深,会导致堆栈溢出。虽然算法代码通常显得很简洁,但递归算法解题的运行效率较低。所以,如果有其他算法可以可选,一般不提倡用递归算法设计程序。

3.算法思路

递归算法一般按照如下步骤进行:

①定递归公式。需要求解的问题可以化为子问题求解,其子问题的求解方法与原问题相同,只是数量的增加或减少。

②定边界(终了)条件。递归调用的次数必须是有限的,必须有递归结束的条件。

③可以调用自身的子过程(函数)。

为求解规模为 n 的问题,设法将它分解成规模较小的问题,然后从这些小问题的解方便地构造出大问题的解;并且,这些规模较小的问题也能采用同样的分解和综合方法,分解成更小的问题,并从这些更小的问题的解构造出规模较大问题的解。特别地,当规模 $n=1$ 时,能直接得解。

递归算法常常是把解决原问题按顺序逐次调用同一"子程序"(过程)去处理,最后一次调用得到已知数据,执行完该次调用过程的处理,将结果带回,按"先进后出"原则,依次计算返回。简单地说,递归算法的本质就是自己调用自己,用调用自己的方法去处理问题,可使解决问题的算法变得简洁明了。按正常情况有几次调用,就有几次返回。

3.3.2 递归算法的现实应用

递归算法是一种直接或者间接地调用自身的算法。在计算机的程序算法中,递归算法对解决一大类问题是十分有效的,往往使算法的描述简洁而且易于理解。

【**阶乘** $n!$】阶乘(Factorial)是指从 1 到 n 之间所有自然数相乘的结果,即

$$n! = n \times (n-1) \times (n-2) \times \cdots \times 2 \times 1$$

而对于 $(n-1)!$,则有如下表达式:

$$(n-1)! = (n-1) \times (n-2) \times \cdots \times 2 \times 1$$

从上面这两个表达式可以看到,阶乘具有明显的递推性质,即符合如下递推公式:

$$n! = n \times (n-1)!$$

因此,我们可以采用递归的思路来计算阶乘。核心伪代码描述如下:

```
Procedure factorial(n)
{
    if n(1)
        Return 1
    else
        Return n * factorial(n-1)          /* 调用自己 */
}
```

3.4 贪心算法

3.4.1 基本思路

1. 算法定义

贪心算法(Greedy Algorithm),是指在对问题求解时,总是做出在当前看来是最好的选择。也就是说,不从整体最优上加以考虑,贪心算法所做出的仅是在某种意义上的局部最优解。

贪心算法不是对所有问题都能得到整体最优解,但对范围相当广泛的许多问题它能产生整体最优解或者是整体最优解的近似解。

贪心算法一方面是求解过程比较简单的算法;另一方面又是对能适用问题的

条件要求最严格(即适用范围很小)的算法。

贪心算法解决问题是按一定顺序的,在只考虑当前局部信息的情况下,就做出一定的决策,最终得出问题的解。即通过局部最优决策能得到全局最优决策。

2.算法特点

根据贪心算法的定义,可以发现该算法有如下特点:

①有一个以最优方式来解决的问题。为了构造问题的解决方案,有一个候选的对象的集合,如不同面值的硬币。

②随着算法的进行,将积累起其他两个集合,一个包含已经被考虑过并被选出的候选对象,另一个包含已经被考虑过但被丢弃的候选对象。

③有一个函数来检查一个候选对象的集合是否提供了问题的解答。该函数不考虑此时的解决方法是否最优。

④还有一个函数检查是否一个候选对象的集合是可行的。即是否可能往该集合上添加更多的候选对象以获得一个解。与上一个函数一样,此时不考虑解决方法的最优性。

⑤选择函数可以指出哪一个剩余的候选对象最有希望构成问题的解。

⑥最后,目标函数给出解的值。

为了解决问题,需要寻找一个构成解的候选对象集合,贪心算法可以优化目标函数,一步一步地进行。起初,贪心算法选出的候选对象的集合为空。接下来的每一步中,根据选择函数,贪心算法从剩余候选对象中选出最有希望构成解的对象。如果集合中加上该对象后不可行,那么该对象就被丢弃并不再考虑,否则就加到集合中。每次都扩充集合,并检查该集合是否构成解。如果贪心算法正确工作,那么找到的第一个解通常是最优的。

3.算法思路

贪心算法一般按如下步骤进行:

①建立数学模型来描述问题。

②把求解的问题分成若干个子问题。

③对每个子问题求解,得到子问题的局部最优解。

④把子问题的解局部最优解合成原来解问题的一个解。

贪心算法是一种对某些求最优解问题的更简单、更迅速的设计技术。贪心算法的特点是一步一步地进行,常以当前情况为基础根据某个优化测度作最优选择,而不考虑各种可能的整体情况,省去了为找最优解要穷尽所有可能而必须耗费的大量时间。贪心算法采用自顶向下,以迭代的方法做出相继的贪心选择,每做一次贪心选择,就将所求问题简化为一个规模更小的子问题,通过每一步贪心选择,可得到问题的一个最优解。虽然每一步上都要保证能获得局部最优解,但由此产生的全局解有时不一定是最优的,所以贪心算法不要回溯。

贪心算法是一种改进的分级处理方法,就是能够得到某种量度意义下最优解的分级处理方法。贪心算法的核心是根据题意选取一种量度标准,然后将这多个输入排成这种量度标准所要求的顺序,按这种顺序一次输入一个量。如果这个输入与当前已构成在这种量度意义下的部分最优解加在一起不能产生一个可行解,则不把此输入加到这部分解中。

对于一个给定的问题,往往可能有好几种量度标准。初看起来,这些量度标准似乎都是可取的,但实际上,用其中的大多数量度标准作为贪心处理所得到该量度意义下的最优解并不是问题的最优解,而是次优解。因此,选择能产生问题最优解的最优量度标准是使用贪心算法的核心。一般情况下,要选出最优量度标准并不是一件容易的事,但对某问题能选择出最优量度标准后,用贪心算法求解则特别有效。

最优解可通过一系列局部最优的选择即贪心选择来达到,根据当前状态做出在当前看来是最好的选择,即局部最优解选择,再去解做出这个选择后产生的相应的子问题。每做一次贪心选择,就将所求问题简化为一个规模更小的子问题,最终可得到问题的一个整体最优解。

3.4.2　贪心算法的现实应用

【背包问题】假定有 n 个物体和一个背包,物体 i 的质量为 W_i,价值为 P_i,而背包的载荷能力为 m;当 $\sum P_i$ 最大时,装入的物品总质量不超过背包容量,即 $\sum W_i < m$。这个问题称为背包问题(Knapsack Problem)。

分析问题:

若将物体 i 的一部分 $X_i(1 \leqslant i \leqslant n, 0 \leqslant X_i \leqslant 1)$ 装入背包中,则有价值 $P_i \times X_i$。

在约束条件 $W_1 \times X_1 + W_2 \times X_2 + \cdots + W_n \times X_n \leqslant m$ 下,使目标 $P_1 \times X_1 + P_2 \times X_2 + \cdots + P_n \times X_n$ 达到极大。此处 $0 \leqslant X_i \leqslant 1, P_i > 0, 1 \leqslant i \leqslant n$。

能直接得到最优解的算法就是枚举算法,但是现在运用贪心算法来实现这个问题的一个近似最优解。根据贪心策略:

①每次挑选价值最大的物品装入背包,得到的结果是否最优?

②每次挑选所占空间最小的物品装入是否能得到最优解?

③每次选取单位容量价值最大的物品,成为解本题的策略。选择能产生问题最优解的最优度量标准是使用贪心算法的核心问题。要想得到最优解,就要在效益增长和背包容量消耗两者之间寻找平衡,也就是说,应该把那些单位效益最高的物体先放入背包。

首先挑选 P_i/W_i,最大但又符合约束条件 $\sum W_i < m$ 的物品,并记录 i,如果不满足约束条件,就选下一个……直到所有物品都被遍历。将所有记录的 i 值输出,就是被选中可以装入背包中的物品序号。贪心算法的核心伪代码描述如下:

```
void Knapsack(int n,float m,float w[ ],float x[ ])
{
    Sort(n,v,w);
    int i;
    for(i=1;i<=n;i++)
    {
        X[i]=0;
        float c=m;
    for(i=1;i<=n;i++)
    {
        if(w[i]>c)    break;
        x[i]=1;
        c-=w[i];
    }
    if(i<=n)
        x[i]=c/w[i];
    }
}
```

3.5 综合应用

著名的瑞士计算机科学家尼克劳斯·沃斯(Niklause Wirth)提出"算法+数据结构=程序"。其中,算法在整个程序设计过程中具有重要的作用,能够提供一种思考问题的思路和问题求解的方法。算法的实现需要通过程序设计过程来验证算法的可行性和正确性。

通过计算思维可以归纳出问题的算法思路,借助高级程序设计语言作为程序设计的工具,结合相应的数据结构,可以验证算法的可行性并实现问题的最终求解。

要想有效地利用计算机来实现问题的处理和求解,必须具备计算思维能力和程序设计开发技能。问题的发现、分析、归纳、建模和整理算法(粗框架)的过程属于计算思维的范畴;具体的实现算法(细化)、数据描述、控制结构、特定计算机高级语言软件环境的工具运用、编码、调试和实现的过程属于程序设计的范畴。

下面选取几个案例,来解析算法的形成过程并给出最终的算法实现描述。

3.5.1 背包问题

背包问题是一种组合优化的 NP（Non-De-terministic Polynomial，非确定多项式）完全问题。问题可以描述为：给定一组物品，每种物品都有自己的重量和价格，在限定的总重量内，我们如何选择才能使得物品的总价格最高，如图 3.6 所示。

问题的名称来源于如何选择最合适的物品放置于给定的背包中。相似问题经常出现在商业、组合数学、计算复杂性理论、密码学和应用数学等领域中。也可以将背包问题描述为决定

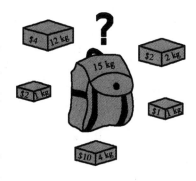

图 3.6 背包问题

性问题，即在总质量不超过 W 的前提下，总价值是否能达到 V？背包问题是在 1978 年由 Merkel 和 Hellman 提出的。

1. 案例描述

背包可以容纳的总质量为 C，现有不同价值、不同质量的物品 N 件，问题要求从这 N 件物品中选取一部分物品放入背包的选择方案：使得选中物品的总质量不超过指定的限制质量 C，但选中物品的价值之和要最大。

2. 案例分析

（1）问题抽象

为了便于理解，先从具体的物品件数开始分析，假设 $N=3$，每件物品的质量记为 W_1, W_2, W_3，每件物品的价值记为 V_1, V_2, V_3，物品的选择方案记为 X_1, X_2, X_3，其中某项值为 0 表示未选取，值为 1 表示已选取。某种选择方案的总质量记为 T_W，某种选择方案的总价值记为 T_V，价值最大值记为 $T_{V\max}$。背包总容量记为 C，那么：

$$T_W = W_1 \times X_1 + W_2 \times X_2 + W_3 \times X_3$$

$$T_V = V_1 \times X_1 + V_2 \times X_2 + V_3 \times X_3$$

若 $T_W \leqslant C$，且 $T_V > T_{V\max}$，则 $T_{V\max} = T_V$，并记录 X_1、X_2、X_3 的当前组合方案或序号，见表 3.1。不难发现，序号与组合方案之间刚好是一种十进制与二进制的关系，可供选择的方案总数为 2^3-1。

由此我们可以把问题扩展到 N 件物品的情况，每件物品的质量记为 $W_1, W_2, W_3, \cdots, W_N$，每件物品的价值记为 $V_1, V_2, V_3, \cdots, V_N$，物品的选择方案记为 $X_1, X_2, X_3, \cdots, X_N$，其中某项值为 0 表示未选取，值为 1 表示已选取。某种选择方案的总质量记为 T_W，某种选择方案的总价值记为 T_V，价值最大值记为 $T_{V\max}$。背包总容量记为 C。这样，可供选择的方案总数就为 2^N-1。

那么，问题就变简单了，对于 N 件物品的情况，我们只要按照 2^N-1 种方案序号逐个转换为二进制数码，代入总质量和总价值计算公式中计算，并与背包总容量限制比较，如果不超过限制，保留价值最大的那个序号的二进制数码组合，就是一

种最佳选择方案。

表 3.1　三件物品的背包问题分析

方案序号	选取方案			总质量计算	总价值计算	最大价值
	X_1	X_2	X_3	T_w	T_v	$T_{v\max}=0$(初值)
1	0	0	1	$W_1×0+W_2×0+W_3×1$	$V_1×0+V_2×0+V_3×1$	若 $T_w≤C$,且 $T_v>T_{V\max}$,
2	0	1	0	$W_1×0+W_2×1+W_3×0$	$V_1×0+V_2×1+V_3×0$	则 $T_{V\max}=T_v$,并记录
3	0	1	1	$W_1×0+W_2×1+W_3×1$	$V_1×0+V_2×1+V_3×1$	X_1、X_2、X_3 的当前组合
4	1	0	0	$W_1×1+W_2×0+W_3×0$	$V_1×1+V_2×0+V_3×0$	方案或序号,序号与选
5	1	0	1	$W_1×1+W_2×0+W_3×1$	$V_1×1+V_2×0+V_3×1$	取方案系列数是十进制
6	1	1	0	$W_1×1+W_2×1+W_3×0$	$V_1×1+V_2×1+V_3×0$	和二进制的关系
7	1	1	1	$W_1×1+W_2×1+W_3×1$	$V_1×1+V_2×1+V_3×1$	

（2）数据结构

对于上述分析,需要将具体的公式和符号转换为计算机可识别并方便操作的数据结构类型。在这里可以选用数组类型来存储重量、价值和物品选择标记系列。

每件物品的重量分别记为 $W[1],W[2],\cdots,W[N]$,价格分别记为 $V[1]$, $V[2],\cdots,V[N]$,物品的选择标记方案记做 $X[1],X[2],\cdots,X[N]$,其中某项值为 0 表示未选取,值为 1 表示已选取。显然,这个 X 的 N 元组等价于一个选择方案。

（3）数学建模

采用数学语言描述问题:

$$T_W = W[1] × X[1] + W[2] × X[2] + \cdots + W[N] × X[N]$$

$$T_V = V[1] × X[1] + V[2] × X[2] + \cdots + V[N] × X[N]$$

在 $T_W≤C$ 的前提条件下,求 T_V 的最大值 $T_{V\text{MAX}}$。

显然,每个物品的选取方案的取值标记为 0 或 1 的 N 元组的个数共为 2^N-1 个。而每个 N 元组其实对应了一个长度为 N 的二进制数,且这些二进制数的取值范围为 $1\sim2^N-1$。因此,如果把 $1\sim2^N-1$ 分别转化为相应的二进制数,则可以得到我们所需要的 2^N-1 个 N 元组。

3.算法描述

根据前面的问题分析和整理,只要枚举所有(2^N 种)的选取方案,就可以最终得到问题的解。

在算法中,具体实现枚举的方法是通过循环控制结构遍历所有的可能方案。在对每种方案进行约束性条件判断,即通过选择控制结构判断在物品的总质量不超标的情况下,是否物品的总价值最大,用变量记录物品的总价值最大的方案序号,最后将十进制的方案序号转换为二进制数码。在二进制数码中,凡值为 1 的那位就是对应选中的物品顺序号。

如输出结果为"10101",说明共有 5 种物品,其中排在 1、3、5 顺序号的物品符合条件要求,就被选中装入了背包。图 3.7 是用流程图描述的背包问题的枚举法算法。

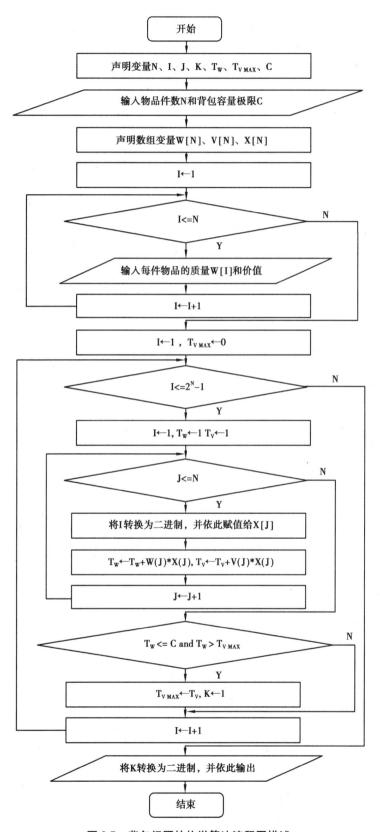

图 3.7　背包问题的枚举算法流程图描述

4.案例实现

图 3.8 和图 3.9 是用 Visual Basic 程序设计语言的代码描述以及运行效果。

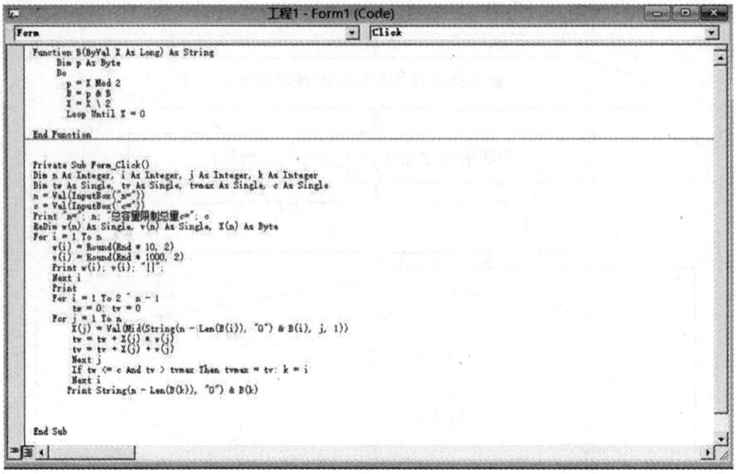

```
工程1 - Form1 (Code)
Form                Click

Function B(ByVal X As Long) As String
    Dim p As Byte
    Do
      p = X Mod 2
      B = p & B
      X = X \ 2
      Loop Until X = 0

End Function

Private Sub Form_Click()
Dim n As Integer, i As Integer, j As Integer, k As Integer
Dim tw As Single, tv As Single, tvmax As Single, c As Single
n = Val(InputBox("n="))
c = Val(InputBox("c="))
Print "n="; n; "总容量限制总量c="; c
ReDim w(n) As Single, v(n) As Single, X(n) As Byte
For i = 1 To n
    w(i) = Round(Rnd * 10, 2)
    v(i) = Round(Rnd * 1000, 2)
    Print w(i); v(i); "||";
    Next i
    Print
    For i = 1 To 2 ^ n - 1
        tw = 0: tv = 0
    For j = 1 To n
        X(j) = Val(Mid(String(n - Len(B(i)), "0") & B(i), j, 1))
        tw = tw + X(j) * w(j)
        tv = tv + X(j) + v(j)
        Next j
        If tw <= c And tv > tvmax Then tvmax = tv: k = i
        Next i
      Print String(n - Len(B(k)), "0") & B(k)


End Sub
```

图 3.8　背包问题的枚举算法 Visual Basic 语言描述

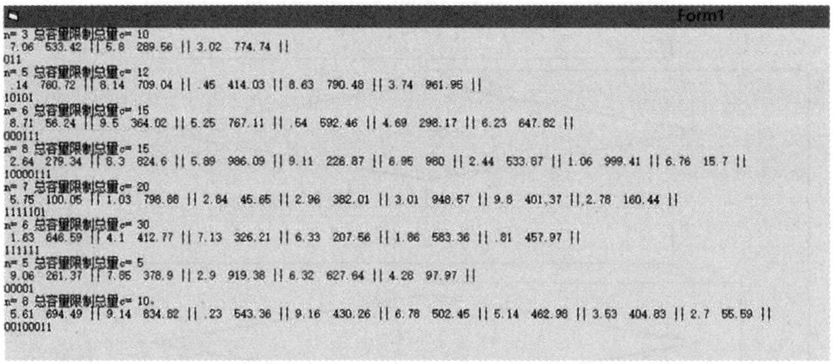

```
Form1
n= 3 总容量限制总量c= 10
 7.06  533.42 || 5.8  289.56 || 3.02  774.74 ||
011
n= 5 总容量限制总量c= 12
 .14  760.72 || 8.14  709.04 || .45  414.03 || 8.63  790.48 || 3.74  961.95 ||
10101
n= 6 总容量限制总量c= 15
 8.71  56.24 || 9.5  364.02 || 5.25  767.11 || .54  592.46 || 4.69  298.17 || 6.23  647.82 ||
000111
n= 8 总容量限制总量c= 15
 2.64  279.34 || 8.3  824.6 || 5.89  986.09 || 9.11  226.87 || 6.95  980 || 2.44  533.67 || 1.06  999.41 || 6.76  15.7 ||
10000111
n= 7 总容量限制总量c= 20
 5.75  100.05 || 1.03  798.88 || 2.84  45.65 || 2.96  382.01 || 3.01  948.57 || 9.8  401,37 ||,2.78  160.44 ||
1111101
n= 6 总容量限制总量c= 30
 1.63  646.59 || 4.1  412.77 || 7.13  326.21 || 6.33  207.56 || 1.86  583.36 || .81  457.97 ||
111111
n= 5 总容量限制总量c= 5
 9.06  261.37 || 7.85  378.9 || 2.9  919.38 || 6.32  627.64 || 4.28  97.97 ||
00001
n= 8 总容量限制总量c= 10.
 5.61  694.49 || 9.14  834.82 || .23  543.36 || 9.16  430.26 || 6.78  502.45 || 5.14  462.98 || 3.53  404.83 || 2.7  55.59 ||
00100011
```

图 3.9　背包问题的程序实现运行效果(二进制串表示一种方案)

5.案例小结

通常,枚举算法的思路是列举出所有可能的情况,逐个判断有哪些是符合问题所要求的条件,从而得到问题的解答。枚举算法一般选用循环结构来实现所有情况的遍历。在循环体中,根据所求解的具体条件,选用选择结构来实施判断筛选,求得所要求的解。

应用枚举算法设计问题求解,通常分以下几个步骤:

①根据问题的具体情况确定枚举量(简单变量或数组)。

②根据确定的范围设置枚举循环。

③根据问题的具体要求确定筛选约束条件。

④设计枚举程序并运行、调试,对运行结果进行分析与讨论。

枚举算法的特点是算法简单,但运算量大,当问题的规模变大,循环的阶数越大,执行的速度越慢。如果枚举范围太大(一般以不超过 200 万次为限),在时间上就难以承受。此案例采用枚举算法的空间复杂度为 $0(10n)$,而时间复杂度为

$0(n×2n)$，所以随着 n 值的递增，算法的耗能较大，效率不高。但枚举算法是一种简单而直接地解决问题的方法，也是比较通用的算法，通常在找不到最佳的算法时，采用此算法。为此，应用枚举求解时，应根据问题的具体情况分析归纳，寻找简化规律，精简枚举循环，优化枚举策略。

3.5.2 旅行商问题

图 3.10　旅行商问题

旅行商问题（Traveling Salesman Problem，TSP）又译为旅行推销员问题或货郎担问题，是最基本的路线问题，如图 3.10 所示。该问题是在寻求单一旅行者由起点出发，通过所有给定的需求点之后，最后再回到原点的最小路径成本。最早的旅行商问题的数学规划是由 Dantzig（1959）等人提出的。

1.案例描述

旅行商要到若干个城市旅行，各城市之间的费用是已知的，为了节省费用，旅行商决定从某个城市出发，到每个城市旅行一次后返回初始城市，问他应选择什么样的路线才能使所走的总路径最短、费用最低？

2.案例分析

（1）问题抽象

旅行商问题是数学领域中非常著名的问题之一。假设有一个旅行商人要拜访 n 个城市，他必须选择所要走的路径，路径的限制是每个城市只能拜访一次，而且最后要回到原来出发的城市。路径的选择目标是要求得到路径路程为所有路径之中的最小值。

旅行商问题是一个典型的排列组合优化问题。排列组合优化问题通常运算量巨大，这是因为 n 个城市点，如果从某一个城市点出发，就有 $n!$ 种排列。最容易想到的算法就是枚举算法，通过枚举 $(n-1)!$ 条周游路线，从中找出一条具有最小成本的周游路线的算法，但是其计算时间复杂度为 $0(n!)$！当城市点数 n 逐渐递增时，这几乎就变成了不可能完成的任务！

旅行商问题可以被证明具有 NP（Non-Deterministic Polynomial，非确定多项式）问题计算复杂性。因此，任何能使该问题的求解得以简化的方法都将受到高度的评价和关注。迄今为止，这个问题依然没有找到一个有效的算法。人们倾向于接受 NP 完全问题（NP-Complete，NPC）和 NP 难题（NP-Hard，NPH）不存在有效算法这一猜想，认为这类问题的大型实例不能用精确算法求解，必须寻求这类问题的有效近似算法。

所以我们抛开枚举算法，选用贪心算法来考虑这个问题的近似解。

贪心算法是一种改进了的分级处理方法。首先对旅行商进行问题描述，选取一种度量标准,然后按这种度量标准对 n 个城市进行排序,并按序一次确定一个城市。如果这个城市与当前已构成在这种度量意义下的部分最优解加在一起不能产生一个可行解,则不把这个城市加入到这部分解中。

获得最优路径的贪心算法应一条边一条边地构造这条路径。根据某种量度来选择将要计入的下一条边。最简单的量度标准是选择使得迄今为止计入的那些边的成本最低和有最小增量的那条边。

为了方便表述 n 个城市之间的关系,我们把所有城市之间的费用权重值放在了一个方阵数列中,方阵中的每个格子代表两个城市间的费用权重值。

现在先从 5 个城市开始分析,如图 3.11 所示,5×5 方阵数列中每个格子代表任意两个城市之间的费用权重值,第 1 行代表编号为 1 的城市分别与其他 4 个城市的关系,第 2 行代表编号为 2 的城市分别与其他 4 个城市的关系……第 5 行代表编号为 5 的城市分别与其他 4 个城市的关系。其中,方阵正对角线上的数字 0 代表的是某个城市自己,这个城市可以作为起点。

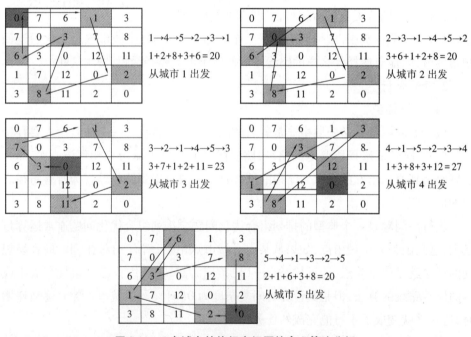

图 3.11　5 个城市的旅行商问题的贪心算法分析

我们的问题求解目标是分析从每个城市出发的最优路径,再横向比较从各城市出发的最优路径里的最短路径。运用贪心算法思想,每次都去寻找距离当前城市点最近的那个城市点作为下一个落脚点。从图 3.11 不难发现,分别从 5 个城市作为起点出发经过不同的城市,最后回归到出发的城市的行走路径是不完全相同的。5 条路径中有 3 条比较优的路径。这种贪心算法并不一定能获得最短路径。

(2)数据结构

对于这个问题,我们需要选择合适的数据结构来存放和表示多个城市的节点

信息和各城市之间的费用权重值,还需要考虑存放和记录通过贪心算法分步构造
这条路径的每一步在路径中加入的城市节点信息。

在这里主要选择二维数组和一维数组结构类型来存储所需信息。

图 3.11 所示的 5 个城市的情况相当于 $m=5$ 的情况,上述数组分别代表:

$A(5,5)$ 包含了:0,7,6,1,3

     7,0,3,7,8

     6,3,0,12,11

     1,7,12,0,2

     3,8,1,2,0

$B(5,5)$ 包含了:1,4,5,2,3,1

     2,3,1,4,5,2

     3,2,1,4,5,3

     4,1,5,2,3,4

     5,4,1,3,2,5

$C(5,6)$ 包含了:0,1,2,8,3,6

     0,3,6,1,2,8

     0,3,7,1,2,11

     0,1,3,8,3,12

     0,2,1,6,3,8

SUM(5) 包含了 $C(5,6)$ 中每行的各项费用权重值的和值:20,20,23,27,20

(3)数学建模

我们用数学符号语言表示算法分析过程中的量值。

● $A(m,m)$:表示 m 个城市节点 $m×m$ 的方阵,用来存储城市间的费用权重值
信息。

● $B(m,m+l)$:记录和存放构造优选路径的城市节点,即可以从 $1\sim m$ 中任何
一个城市出发,经过每个城市再返回到出发城市的节点数为 $m+1$。

● $C(m,m+1)$:配合 $B(m,m+1)$ 记录每条路径对应的费用权重值。

● Sum(m):存放不同城市出发的优选路径费用权重值总和。

3.算法描述

贪心算法不是对所有问题都能得到整体最优解,但对范围相当广泛的许多问
题,它能产生整体最优解或者是整体最优解的近似解。

在众多的计算机解题策略中,贪心算法算得上是最接近人们日常思维的一种
解题策略。贪心算法总是做出在当前看来是最优的选择,也就是说贪心算法并不
是从整体上加以考虑,它所做出的选择只是在某种意义上的局部最优解,而许多问
题自身的特性决定了该题运用贪心算法可以得到最优解或较优解。

我们的算法思路是依次从城市 1 到城市 m 分别作为出发的起点,在 $A(m,m)$
中对应的城市所在行中寻找费用值最小的矩阵项,并记录该城市节点序号及路径

费用值和生成路径的费用总和值,同时必须确保每个城市只能出现一次(判断时绕开已经途经的城市节点,$A(m,m)$中正对角线上的城市节点只能够作为起始点,不能作为途经点)。

图 3.12 为用流程图描述的旅行商问题的贪心算法。

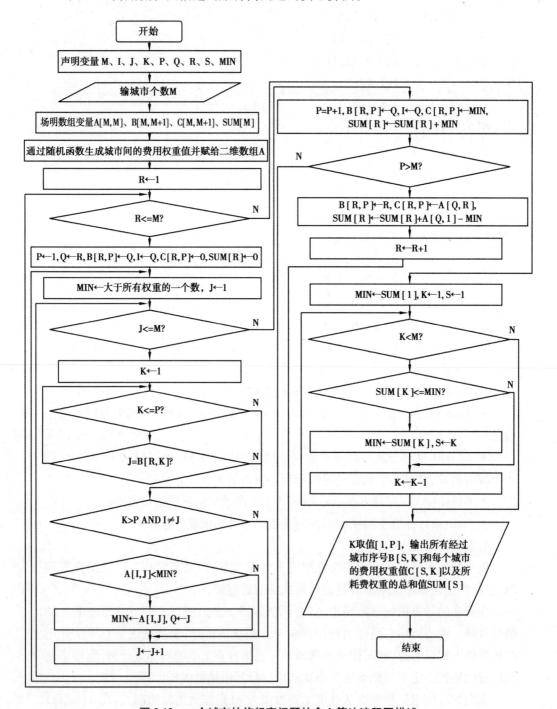

图 3.12　m 个城市的旅行商问题的贪心算法流程图描述

4.案例实现

图 3.13 和图 3.14 分别为用 Visual Basic 语言编写的实现代码和运行结果。

```
Form
    Private Sub Form_Click()
    Dim m As Integer, min As Integer, k As Integer
    Dim s As Integer, r As Integer, q As Integer
    Dim i As Integer, j As Integer
    m = Val(InputBox("m="))
    ReDim a(m, m) As Integer, b(m, m + 1) As Integer
    ReDim c(m, m + 1) As Integer, Sum(m) As Integer
    For i = 1 To m
        For j = 1 To m
            If i = 1 Or i < j Then
                a(i, j) = Int(Rnd * 20) + 1
            Else
                a(i, j) = a(j, i)
            End If
            If i = j Then a(i, j) = 0
            Print Space(5 - Len(CStr(a(i, j)))) + CStr(a(i, j));
        Next j
        Print
    Next i
    Print String(150, "-")
    For r = 1 To m
        p = 1: q = r: b(r, p) = q: i = q: c(r, p) = 0: Sum(r) = 0
        Do
            min = 1000
            For j = 1 To m
                For k = 1 To p
                    If j = b(r, k) Then Exit For
                Next k
                If k > p And i <> j Then
                    If a(i, j) < min Then
                        min = a(i, j): q = j
                    End If
                End If
            Next j
            p = p + 1
            b(r, p) = q
            c(r, p) = min
            Sum(r) = Sum(r) + c(r, p)
            i = q
        Loop Until p > m
        b(r, p) = r
        c(r, p) = a(q, r)
        Sum(r) = Sum(r) + c(r, p) = min
    Next r
    min = Sum(k): s = 1
    For k = 1 To m
        If Sum(k) < min Then min = Sum(k): s = k
    Next k
    For k = 1 To p
        Print b(s, k); "("; c(s, k); ")"; "→";
        If k Mod 15 = 0 Then Print
    Next k
    Print
    Print "sum="; Sum(s)
    Print String(150, "-")
    End Sub
```

图 3.13　*m* 个城市的旅行商问题的 Visual Basic 语言代码描述

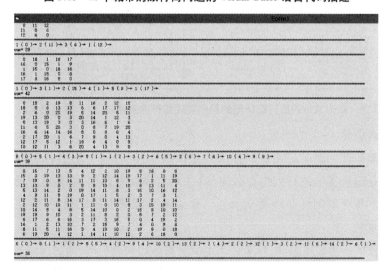

图 3.14　*m* 个城市的旅行商问题的程序实现运行效果验证

由于这个问题的算法实现是考虑了从不同的城市节点出发的一条相对最优的旅行路线，现在我们把之前的程序稍作修改，前面只是比较就可以输出分别从不同城市出发的旅行路线的对比效果。修改的部分代码和运行结果如图 3.15 和图3.16 所示。

```
工程1 - Form1 (Code)
Form                                  Click

min = Sum(k): s = 1
For k = 1 To m
    If Sum(k) < min Then min = Sum(k): s = k
Next k
For i = 1 To m
    For k = 1 To p
        Print b(i, k); "("; c(i, k); ")"; "→";
    Next k
    Print "sum="; Sum(i);
    If i = s Then Print "THE BEST!" Else Print
Next i
Print
Print String(150, "=")
End Sub
```

图 3.15　m 个城市的旅行商问题的 Visual Basic 语言代码描述（多个城市出发对比）

```
Form1
  0  11  12   6   7
 11   0  16   1  16
 12  16   0  17  15
  6   1  17   0   1
  7  16  15   1   0

1 ( 0 )→ 4 ( 6 )→ 2 ( 1 )→ 3 ( 16 )→ 5 ( 15 )→ 1 ( 7 )→sum= 45
2 ( 0 )→ 4 ( 1 )→ 5 ( 1 )→ 1 ( 7 )→ 3 ( 12 )→ 2 ( 16 )→sum= 37 THE BEST!
3 ( 0 )→ 1 ( 12 )→ 4 ( 6 )→ 2 ( 1 )→ 5 ( 16 )→ 3 ( 15 )→sum= 50
4 ( 0 )→ 2 ( 1 )→ 1 ( 11 )→ 5 ( 7 )→ 3 ( 15 )→ 4 ( 17 )→sum= 51
5 ( 0 )→ 4 ( 1 )→ 2 ( 1 )→ 1 ( 11 )→ 3 ( 12 )→ 5 ( 15 )→sum= 40

  0  18  16   8  20  18   2  19   8  11
 18   0  16   2  12  10   6  13  13   6
 16  16   0   6  17  17  12  20  19   5
  8   2   6   0  14  20   5  11   3  20
 20  12  17  14   0  14   1  12   3   3
 18  10  17  20  14   0  16   6   1   6
  2   6  12   5   1  16   0   8   7  19
 19  13  20  11  12   6   8   0  20   9
  8  13  19   3   3   1   7  20   0   6
 11   6   5  20   3   6  19   9   6   0

1 ( 0 )→ 7 ( 2 )→ 5 ( 1 )→ 9 ( 3 )→ 6 ( 1 )→ 8 ( 6 )→ 10 ( 9 )→ 3 ( 5 )→ 4 ( 6 )→ 2 ( 2 )→ 1 ( 18 )→sum= 53 THE BEST!
2 ( 0 )→ 4 ( 2 )→ 9 ( 3 )→ 6 ( 1 )→ 8 ( 6 )→ 7 ( 8 )→ 5 ( 1 )→ 10 ( 3 )→ 3 ( 5 )→ 1 ( 16 )→ 2 ( 18 )→sum= 63
3 ( 0 )→ 10 ( 5 )→ 5 ( 3 )→ 7 ( 1 )→ 1 ( 2 )→ 4 ( 8 )→ 2 ( 2 )→ 6 ( 10 )→ 9 ( 1 )→ 8 ( 20 )→ 3 ( 20 )→sum= 72
4 ( 0 )→ 2 ( 2 )→ 7 ( 6 )→ 5 ( 1 )→ 9 ( 3 )→ 6 ( 1 )→ 8 ( 6 )→ 10 ( 9 )→ 3 ( 5 )→ 1 ( 16 )→ 4 ( 8 )→sum= 57
5 ( 0 )→ 7 ( 1 )→ 1 ( 2 )→ 4 ( 8 )→ 2 ( 2 )→ 10 ( 6 )→ 3 ( 5 )→ 6 ( 17 )→ 9 ( 1 )→ 8 ( 20 )→ 5 ( 12 )→sum= 74
6 ( 0 )→ 9 ( 1 )→ 4 ( 3 )→ 2 ( 2 )→ 7 ( 6 )→ 5 ( 1 )→ 10 ( 3 )→ 3 ( 5 )→ 1 ( 16 )→ 8 ( 19 )→ 6 ( 6 )→sum= 62
7 ( 0 )→ 5 ( 1 )→ 9 ( 3 )→ 6 ( 1 )→ 8 ( 6 )→ 10 ( 9 )→ 3 ( 5 )→ 4 ( 6 )→ 2 ( 2 )→ 1 ( 18 )→ 7 ( 2 )→sum= 53
8 ( 0 )→ 6 ( 6 )→ 9 ( 1 )→ 4 ( 3 )→ 2 ( 2 )→ 7 ( 6 )→ 5 ( 1 )→ 10 ( 3 )→ 3 ( 5 )→ 1 ( 16 )→ 8 ( 19 )→sum= 62
9 ( 0 )→ 6 ( 1 )→ 8 ( 6 )→ 7 ( 8 )→ 5 ( 1 )→ 10 ( 3 )→ 3 ( 5 )→ 4 ( 6 )→ 2 ( 2 )→ 1 ( 18 )→ 9 ( 8 )→sum= 58
10 ( 0 )→ 5 ( 3 )→ 7 ( 1 )→ 1 ( 2 )→ 4 ( 8 )→ 2 ( 2 )→ 6 ( 10 )→ 9 ( 1 )→ 3 ( 19 )→ 8 ( 20 )→ 10 ( 9 )→sum= 75
```

图 3.16　m 个城市的旅行商问题的程序实现运行效果验证（多个城市出发对比）

5.案例小结

对于旅行商问题的最明显的算法就是枚举法，即寻找一切组合并取其总路程最短。但是这种算法的排列组合数为 $m!$（m 为节点个数）。而本算法选用的贪心算法实现的程序时间复杂性是 $0(m^3)$。虽说未必能求出最优路径，但在算法效率上明显有优势。

对于任何一条最短路径，算法必须至少对每条边检查一次，因为任何一条边都有可能在最短路径中，由于选用了数组结构来存放城市节点和费用信息，所以程序的空间复杂度是 $0(8\ m^2+18)$。虽然本问题的算法效率不算太高，要比 $0(m!)$ 快得多。

贪心算法在解决问题的策略上目光短浅,只根据当前已有的信息就作出选择,而且一旦做出了选择,不管将来有什么结果,这个选择都不会改变。换言之,贪心算法并不是从整体最优考虑,所做出的选择只是在某种意义上的局部最优。贪心算法对于大部公的优化问题都能产生最优解,但不能总获得整体最优解,通常可以获得近似最优解。贪心算法是很常见的算法之一,这是由于它简单易行,构造贪心策略简单,但是需要证明后才能真正运用到题目的算法中。一般来说,贪心算法的证明围绕着整个问题的最优解一定由在贪心策略中存在的子问题的最优解得来的。

虽然设计一个好的求解算法更像是一门艺术,而不像是技术,但仍然存在一些行之有效的能够用于解决许多问题的算法设计方法,我们可以使用这些方法来设计算法,并观察这些算法是如何工作的。一般情况下,为了获得较好的性能,必须对算法进行细致的调整。但是在某些情况下,算法经过调整之后性能仍无法达到要求,这时就必须寻求另外的方法来求解该问题。

【课后练习】

算法描述题

说明:分析下列问题,搜索和选择合适的算法策略,并用流程图、伪代码或者自然语言的方法描述算法(可以同时选择不同的算法策略求解同一个问题)。

1.【抓硬币问题】现有面值为 1 元、2 元和 5 元的钞票(假设每种钞票的数量都足够多),从这些钞票中取出 30 张使其总面值为 100 元。问有多少种取法?输出每种取法中各种面额钞票的张数。

2.【玫瑰花数问题】如果一个 4 位数等于它的各位数字的 4 次方和,则这个 4 位数称为"玫瑰花"数,如 1 634 就是一个玫瑰花数。试编程序求出所有玫瑰花数。

3.【猴子分桃子问题】5 只猴子采得一堆桃子,猴子彼此约定隔天早起后再分食。不过,就在半夜里,一只猴子偷偷起来,把桃子均分成五堆后,发现还多一个,它吃掉这桃子,并拿走了其中一堆。第二只猴子醒来,又把桃子均分成五堆后,还是多了一个,它也吃掉这个桃子,并拿走了其中一堆。第三只、第四只、第五只猴子都依次如此分食桃子。那么,桃子数最少应该有几个呢?

4.【排队接水】有 n 个人排队在一个水笼头前接水,每个人的接水时间互不相等。找出一种 n 个人排队接水的顺序,使他们平均等待的时间最短。

5.【硬币找零问题】一个小孩买了价值少于 1 美元的糖,并将 1 美元的钱交给售货员。售货员希望用数目最少的硬币找给小孩。假设提供了数目不限的面值为 25 美分、10 美分、5 美分及 1 美分的硬币(1 美元 = 100 美分)。

6.【走大权值格子问题】在一个 $N \times M$ 的方格阵中,每个格子赋予一个数(即为权。规定每次移动时只能向上或向右。现试找出一条路径,使其从左下角至右上角所经过的权之和最大。

7.【均分纸牌问题】有 N 堆纸牌,编号分别为 $1, 2, \cdots, n$。每堆上有若干张牌,但纸牌总数必为 n 的倍数。可以在任一堆上取若干张纸牌,然后移动。移牌的规则为:在编号为 1 上取的纸牌,只能移到编号为 2 的堆上;在编号为 n 的堆上取的纸牌,只能移到编号为 $n-1$ 的堆上;其他堆上取的纸牌,可以移到相邻左边或右边的堆上。现在要求找出一种移动方法,用最少的移动次数使每堆上纸牌数都一样多。例如,$n=4$,4 堆纸牌分别为:①9②8③17④6,移动三次可以达到目的:从③取 4 张牌放到④,再从③取 3 张放到②,然后从②取 1 张放到①。

8.【最大整数问题】设有 n 个正整数,将它们连接成一排,组成一个最大的多位整数。问如何排列? 例如,$n=3$ 时,3 个整数 13、312、343,连成的最大整数为 34 331 213。又如,$n=4$ 时,4 个整数 7、13、4、246,连成的最大整数为 7 424 613。

9.【装载货物问题】有一艘大船准备用来装载货物。所有待装货物都装在货箱中且所有货箱的大小都一样,但货箱的重量都各不相同。设第 i 个货箱的重量为 $W_i (1 \leqslant i \leqslant n)$,而货船的最大载重量为 C,我们的目的是在货船上装入最多的货物。

10.【查找值问题】现有一组有序数(升序或降序均可),要在其中查找指定的一个数(此数可以为任何数值,即可以是有序数中的之一,也可以不在这个有序数中),问如何快速查找此数并确定此数在有序数中的位置或者说明此数不存在?

如有序数为:2,5,8,11,15,28,56,67,89,96,103,如果需要查找 56 的具体位置,其结果应该是 7;如果需要查找 100 的具体位置,那么其结果应该是:不存在!

11.【分配座位问题】随机分配座位,共 50 个学生,使学号相邻的同学座位不能相邻。

12.【组合邮票面值问题】有 4 种面值的邮票很多枚,这 4 种邮票面值分别为 1,4,12,21,现从多张中最多任取 5 张进行组合,求取出这些邮票的最大连续组合值。

13.【最优工作分配问题】4 个工人,4 个任务,每个人做不同的任务需要的时间不同,求任务分配的最优方案。

14.【组合数字问题】有 1、2、3、4 个数字,能组成多少个互不相同且无重复数字的三位数? 分别都是多少?

15.【多人过桥问题】现在小明一家过一座桥,过桥的时候是黑夜,所以必须有灯。现在小明过桥要 1 分钟,小明的弟弟过桥要 3 分钟,小明的爸爸过桥要 6 分钟,小明的妈妈过桥要 8 分钟,小明的爷爷过桥要 12 分钟。每次此桥最多可过两人,而过桥的速度依过桥最慢者而定,而且灯在点燃后 30 分钟就会熄灭。问小明一家如何过桥时间最短?

16.【哥德巴赫猜想问题】任何一个大于 4 的偶数都可以分解为两个素数之和。

17.【排序问题】将一组无序数快速排序。

18.【数字叠加问题】求 $s = a + aa + aaa + aaaa + aa\cdots a$ 的值,其中 a 是一个数字。例如,2+22+222+2222+22222(此时共有 5 个数相加)。

19.【自由落体问题】一个球从 100 米高度自由落下,每次落地后反跳回原高度的一半,再落下。求它在第 10 次落地时共经过多少米? 第 10 次反弹多高?

20.【计算日期问题】输入某年某月某日,判断这一天是这一年的第几天。

第4章 问题求解之逻辑思维

逻辑思维是人的理性认识阶段，是人们运用概念、判断、推理等思维类型反映事物本质与规律的认识过程。逻辑思维帮助我们找到事物之间的联系从而解决问题，虽然我们并没有感觉到逻辑思维在我们的生活中出现，但它却在影响着我们的工作和生活，合理地训练自己的逻辑思维能力，可以帮助我们在工作生活中找到事情的本质，提高我们解决问题的效率。

我们经常遇到这样的问题，买一样自己需求但并不了解的东西，如计算机。去到电脑城总会被问到这样的问题"您需要什么样的计算机?"，虽然并不了解这个物品，但有些事情是我们可以想到的，那就是买电脑的原因，当我们开启逻辑思维模式时，会发现问题变得简单了。首先，为什么买电脑? 学习? 娱乐? 其次，工作方面，普通办公? 专业软件? 娱乐方面，电影? 游戏? 当我们给出这些问题的答案之后，基本店员就能很清楚明白你需要一台怎样的计算机了。反过来当你在推销或者是做其他工作的时候也可以用到这样的逻辑思维方式去跟客户交流，从而事半功倍。

所以，逻辑思维并不是专业的东西，而是我们每个人工作生活必须具备的一种思维方式，下面我们就从逻辑思维的基础到深入去探究一下逻辑思维的方法。

4.1 逻辑思维基础

人们日常工作生活的需求是逻辑思维形成和发展的基础，它决定人们从哪个方面来寻求事物的本质，确定逻辑思维的目的和方向。而社会的发展对于实践经验的增加也使得逻辑思维逐步发展和深化。人们普遍认为，逻辑思维的基本形式是概念、判断、推理，人们在认识的过程中通过概念认识到事物本身的特征，通过判断对事物有一个或真或假的断定，再通过推理得出结论。所以要想得出正确的结论，我们需要了解清楚逻辑思维中的一些基本理论。

4.1.1 概念思维

在逻辑思维中，概念是一切推理的基础，如果对概念认识不明确，就容易被人偷换概念或者推理错误。

1.什么是概念

概念是反映对象特有属性或本质属性的思维形式。属性可分为本质属性和非本质属性,它是事物所具有的各种性质。事物的本质属性是对该事物具有决定意义的特有属性,而非本质属性是对该事物不具有决定意义的其他属性。例如,对于"人"这个概念来说,能思维并能制造和使用工具是其基本属性,是"人"区别于动物的根据所在,至于有脚、能走、有生命等,则属于非本质属性。

2.概念的内涵和外延

概念的内涵:反映在概念中的对象的特有属性或本质属性,就是回答事物是什么样的。

概念的外延:具有概念所反映的特有属性或本质属性的对象,就是回答这类事物有哪些。

同样,对于"人"来说,其内涵是能思维、能制造并能使用工具进行劳动。其外延包括大人、小孩、男人、女人、中国人、外国人等一切人。所以使用概念时,为了避免概念不明的毛病,必须注意从逻辑上明确概念的内涵和外延。

3.概念的种类

(1)单独概念与普遍概念

根据外延所反映的对象数量,分为单独概念和普遍概念。

单独概念是外延只有一个对象的概念,如北京、上海、黄鹤楼,都只反映了一个地方。从语言角度来看,专有名词一般表达单独概念,如"世界上最大的沙漠"就单指撒哈拉沙漠;"《简爱》的作者"则指夏洛蒂·勃朗特。

普遍概念是反映某一类事物的概念。它的外延不是一个单独的对象,而是有两个或多个对象组成的类。比如,科学家、自然数、出版社,它们反映的对象都不是单一的,而是由许多本质属性相同的事物组成的类,因此,它们都是普遍概念。从语言角度来看,普遍名词都表达普遍概念,如"矛盾""规律""国家"等。另外,动词、形容词也常常表达普遍概念,如"写""想""打""踢"等。

(2)集合概念和非集合概念

根据外延所反映的对象是否为同一事物的群体,概念可分为集合概念和非集合概念。

集合概念是以事物的群体为反映对象的概念。如"丛书""工人阶级""森林"等都是集合概念。集合概念只适用于它所反映的群体,而不适合用于该群体的个体。如"森林"是由一棵棵树(单个个体)组成的群体,但单棵的树并不具有"森林"的属性,所以我们不能称一棵树为"森林"。

非集合概念可以适用于它反映的类,也可适用于该类中的一份子。如"羊"这一非集合概念既适用于它所反映的类,也适用于该类中的一份子,如"一只羊"。

在区分集合概念和非集合概念的时候,不仅要掌握它们各自的特点,还要注意分析词语所处的语言环境。

（3）正概念和负概念

根据概念外延所反映的对象是否具有某种属性，概念可分为正概念和负概念。

正概念是反映对象具有某种属性的概念，如"正义战争""自私""美丽"等都是正概念。负概念是反映对象不具有某种属性的概念，如"非正义战争""不自私""不美丽"等都是负概念。从语言角度来看，表达负概念的词语往往带有"不""非"等否定词。

应注意的是，区别正负概念不涉及对概念的评价。

4.概念之间的关系

- 同一关系：两个概念在外延上完全重合，这种关系就称为同一关系。比如，①巴黎：法国的首都；②等边三角形：等角三角形。①中"巴黎"就是"法国的首都"，它们的外延是完全重合的。②中所有的等边三角形都是等角三角形，所有的等角三角形也都是等边三角形，它们从不同的方面反映了同一个对象，外延是完全重合的。①、②中的概念关系均为同一关系。

- 属种关系：一个外延较大的概念包含着另外一个外延较小的概念，这样的关系称为属种关系。其中，外延较大的概念为属概念，外延较小的概念为种概念。比如，①工业：重工业；②树：松树。①中"工业"的外延是一切工业，它包括重工业和轻工业，因此"工业"是属概念，"重工业"是种概念。②中"树"的外延是一切树，它包括松树、梨树、柏树等，因此"树"是属概念，"松树"是种概念。

- 交叉关系：两个概念的外延只有一部分重合，这样的关系称为交叉关系。比如，①亚洲国家：发展中国家；②青年：编辑。①中"亚洲国家"里有一部分是"发展中国家"，在"发展中国家"里有一部分是"亚洲国家"，它们的外延部分重合，构成了交叉关系。②中"青年"里有一部分是"编辑"，"编辑"里有一部分是"青年"，它们的外延部分重合，也构成了交叉关系。

- 矛盾关系：两个概念的外延互相排斥，而它们的外延相加等于它们属概念的全部外延，这两个概念之间的关系便是矛盾关系。比如，①金属：非金属；②白：非白。①中"金属"和"非金属"的外延是相互排斥的，"金属"的外延加"非金属"的外延等于其属概念"物质"的全部外延，他们之间是矛盾关系。②中"白"和"非白"的外延是相互排斥的，"白"加"非白"等于属概念"颜色"的全部外延，所以"白"和"非白"之间的关系是矛盾关系。

- 反对关系：两个概念的外延互相排斥，而它们的外延相加小于它们属概念的外延，这两个概念之间的关系是反对关系。比如，①白：黑；②富：穷。①中"白"和"黑"这两个概念的外延是相互排斥的，它们的外延之和小于它们的属概念"颜色"的外延，因此"白"和"黑"这两个概念之间的关系是反对关系。②中"富"和"穷"这两个概念的外延是相互排斥的，它们之间存在着"既不富又不穷"的中间概念,它们的外延之和小于它们的属概念"经济状况"的外延,因此"富"和"穷"之间也是反对关系。

矛盾关系和反对关系的相同之处是:两个概念都是指在同一属概念下的两个互相排斥的种概念。它们的区别在于:两个概念的外延相加,等于属概念全部外延的是矛盾关系,小于属概念全部外延的是反对关系。

5.运用概念时常犯的错误

(1)概念误用

例:①今年的元宵灯会特别热闹,到处灯火阑珊。

②烟酒柜的几名职工到批发部拖酒,由于马虎,摔破了 15 瓶西凤酒,给国家财产带来了损失,在场的职工却不以为然,一笑了之。

①的错误在于没有了解"阑珊"这个概念的内涵。"阑珊"的本意为"将尽、衰落"。"灯火阑珊"乃是一幅衰落景象,同前面的"热闹"矛盾。正确的表述应将"灯火阑珊"改为"灯火辉煌"。

②的错误在于没有弄清"不以为然"的内涵。"不以为然"的本意为"不认为是对的"。而从上下文来看,作者是将它理解成了"毫不在意",从而造成了前后矛盾。正确的表述应将"不以为然"改为"毫不在意"。

(2)概念误换

例:青年人要在实践中经风雨、见世面,锻炼成长,我也坚持这样做,每天不避风雨地参加体育锻炼,从不间歇。

这个例子中出现了前后概念不一致的情况。两个"锻炼",前一个适用的范围大,通常指人的思想、意志、品格、身体等多方面的锻炼;后一个适用的范围小,特指从体育活动中增强体质。此外,前一个"风雨"比喻艰难困苦,后一个"风雨"指自然现象,两个概念也不同。

(3)误用集合

例:①他正在翻阅一本科技丛书。

②节日里,我到花店买来两朵花卉,插入花瓶。

①中的"丛书"是集合概念,不能用"一本"限制,应去掉"丛"字。②中的"花卉"是花和草的总称,也是集合概念,不能用"两朵"限制,应去掉"卉"字。①、②都属于"误用集合"的错误。

(4)并列不当

例:①他们看的黄色书刊,大多数是从书摊或旧书摊上买来的。

②这些艺术团演出的剧目有昆剧《牡丹亭》以及中国古典和民族、民间乐曲等。

①中的"书摊"和"旧书摊"之间是属种关系,它们是不能并列的,应删去其中一个。②的错误是将具有交叉关系的中国古典乐曲、中国民族乐曲、中国民间乐曲

并列在一起。此外,"演出的剧目"应改为"演出的节目",因为"乐曲"不在"剧目"范围内。

(5)概念限制不当

例:①他办起了一座养猪场,利用市区一些饭店、食堂、工厂的下脚料喂猪。

②她到美发厅把她头上的头发作了离子烫。

①中说用"饭店、食堂"的下脚料喂猪是合乎逻辑的,但说用"工厂的下脚料喂猪"就不对了,因为"工厂的下脚料"有许多是猪不能吃的,如印刷厂的纸边、木材加工厂的木屑和碎木块、机械制造厂的铁屑等,因此应将"工厂"改为"副食加工厂"才合乎事理。这个例子犯了"限制不当"错误。②中"头发"当然是长在"头上的",用"头上的"去限定"头发"这个概念,是多余的。这个例子犯了"限制多余"的错误。

(6)划分错误

概念的划分必须依照一定的规则,否则就要犯错误。

● 混淆根据

每次划分只能依据同一个标准,违反这一规则便会造成混淆根据的错误。

例:①日场听众大多是退休职工,晚上还有青工、教师、学生和妇女。

②调解委员会有共产党员、老干部、大学生,还有热心为群众办事的老大妈等。

①犯了"混淆根据"的错误。"妇女"是按性别标准划分的,"青工""教师""学生"是按职业状况划分的,把它们并列在一起造成了逻辑上的混乱,应改为"日场听众大多是退休职工。晚上还有青工、教师、学生,其中有些是女同志。"②也犯了"混淆根据"的错误。在这个例子中存在好几种不同的划分标准,即政治面貌、社会职业、年龄等,从而造成了概念混乱。

● 多出子项和划分不全

在进行概念的划分时,划分出的各个子项的外延之和必须等于母项的外延。如果划分出的子项外延总和大于母项的外延,那么就会犯"多出子项"的错误;如果划分出的子项外延总和小于母项的外延,那么就会犯"划分不全"的错误。

例:①开学了,我们购置了笔、墨、纸、书等文具。

②直系亲属包括父母和子女。

在①中,"文具"是被划分的母项,"笔、墨、纸、书"是划分后的子项。但实际上,"笔、墨、纸"是"文具"的种概念,而"书"不是"文具"的种概念,这里犯了"多出子项"的错误。

在②中,"直系亲属"是指和自己有直接血缘和婚姻关系的人,正确的划分应为"父母、子女和配偶"。此例,子项缺了"配偶",犯了"划分不全"的错误。

● 子项相容

划分的子项必须互相排斥。如果不互相排斥,就会有一些对象既属于这个子项,又属于另外一个子项,从而引起混乱,造成"子项相容"的逻辑错误。

例:报纸可分为全国性报纸、地方性报纸、综合性报纸、专业性报纸、日报和晚报等。

这个例子由于划分的标准不一样,导致划分出的子项不是相互排斥的,而是相容的。如《武汉晚报》,既属于地方性报纸,又属于综合性报纸,还属于晚报。因此,这个例子既犯了"混淆根据"的错误,又犯了"子项相容"的错误。

概念思维,这个看似简单的东西,其实在我们生活中常常会因为对概念的一知半解而曲解了它们的含义,从而使用错误。所以弄清楚概念的含义关系,可以帮助我们更好地认识和使用它们。

4.1.2 逻辑思维的意义和学习方法

1.逻辑思维的意义

- 可以培养自己认识世界的方法;
- 有助于提高逻辑思维的能力;
- 有助于提高沟通交际的能力;
- 有助于提高整体思维能力;
- 有助于获取新的知识;
- 有助于识别、反驳错误的认识或诡辩。

2.逻辑思维的学习方法

- 抓住中心,循序渐进。逻辑思维中,概念和判断是思维的基础,任何东西不是凭空的,要有理有据,而推理是中心,再然后进行论证;
- 勤思多练,注重礼节。虽然先天有一些人逻辑思维强,有些人逻辑思维弱,但只要勤加练习,理解透彻,也能将这些思维方式转化成为自身所具备的能力;
- 结合实际,学会运用。联系自己的专业,把学到的知识使用到专业上面去,大胆推理,小心求证,做到概念明确,判断恰当,推理准确,条理清楚,结构严密。

4.2 逻辑思维常见方法

逻辑的研究对象是思维、推理,并不是艰深晦涩的东西。细心观察,在日常生活中经常会对逻辑推理有不自觉的应用,只是习惯成自然,就不认为是逻辑了。比如,在实际生活中,我们常常会听到这样的批评"你说话前言不搭后语","他说话没条理",这里的"前言搭后语"和"条理",其实就是我们已经用得得心应手的"逻辑思维"。所以通过一定的训练,当我们习惯了这样的思维方式,它就会伴随我们一生。那么,逻辑思维有些什么方法呢?让我们通过下面的学习来练习逻辑推理的一般方法。

4.2.1 归纳与演绎

1.归纳与演绎概述

归纳与演绎是人类认识事物时非常重要的两种技能。归纳指从多个个别的事物中获得普遍的规则,如黑猫、白猫、花猫,可以归纳为猫。而演绎与归纳相反,它指从普遍性规则推导出个别性规则,如猫可以演绎为黑猫、白猫、花猫等。人类在认识世界的事物时也是这样,我们总是先接触到个别的事物,而后推及一般,又从一般推及到另外的个别,如此循环往复,使我们的认识不断深化,视野也更加开阔。所以归纳就是从个别到一般,演绎则是从一般到个别。

2.归纳与演绎的意义

归纳与演绎的思维是科学研究中运用比较广泛的逻辑思维方法。马克思主义认识论认为,一切科学研究都必须运用到归纳与演绎的逻辑思维方法。如达尔文通过大量观察、研究实验材料,然后进行归纳,得出"生物进化论",但他在得出"生物进化论"这个结论之前,早就接受了拉马克等人的有关生物进化的思想和赖尔的地质演化思想,这些思想实际上构成了他归纳经验材料的指导原则,因为有了这些思想,达尔文的考察、归纳才显得有目的性和选择性。

3.归纳与演绎的一般方法

(1)"三段论"

演绎推理的主要形式是"三段论",即"大前提""小前提"和"结论"三个部分组成。"大前提"是已知的一般原理;"小前提"是研究的特殊场合;"结论"是将特殊场合归到一般原理之下得出的新知识。如所有的偶蹄目动物都是脊椎动物,牛是偶蹄目动物,所以牛是脊椎动物。"大前提":所有的偶蹄目动物都是脊椎动物;"小前提":牛是偶蹄目动物;"结论":牛是脊椎动物。

在历年的公务员考试行政能力测试中,"三段论"是常考题型。"三段论"中,由于前提和结论中所涉及的直言命题的量词(全称、特称)和质(肯定、否定)是不同的,得到的"式"也是不同的。除了上面提到的这种情况,还有例如:

①所有的偶蹄目动物都不是昆虫,牛是偶蹄目动物,所以牛都不是昆虫。

②所有商品都是用来交换的,所有封建地租都不是用来交换的,所以所有封建地租都不是商品。

③鸵鸟不会飞,鸵鸟是鸟,所以一些鸟不会飞。

④有些不会飞的动物是鸵鸟,鸵鸟是鸟,所以有的鸟是不会飞的动物。

这种"三段论"排列可以有200多个,但并不是每一个都是有效的,有的判定结论是无效的。考试里面常考的"三段论"有下面几种:

①所有 A 是 B,所有 B 是 C,则所有 A 是 C。

②所有 A 是 B,所有 B 不是 C,则所有 A 不是 C。

③有些 A 是 B,所有 B 是 C,则有些 A 是 C。

④有些 A 是 B,所有 B 不是 C,则有些 A 不是 C。

(2)文氏图法解题——结论型三段论

在解题的过程当中,如果题目是结论型的三段论(即有前提,需要给出结论),一般可以运用文氏图法来解题。文氏图,又称韦恩图,它是能够将逻辑关系可视化的示意图。从文氏图可清晰地看出集合间的逻辑关系、重复计算的次数,最适合描述 3 个集合的情况。例如:胡老师要求班上的学生必须在篮球和足球中间至少选择一项来学习,已知选择篮球的有 15 个学生,选择足球的有 18 个学生,即选择了足球又选择了篮球的有 4 个学生。问:胡老师班上总共有多少个学生?

通过文氏图法很快就能得到答案,如图 4.1 所示。

由图可以得出计算方法:15-4+18=29 人。

上面的例题说明了文氏图在数字类题型里面的应用是非常广泛的,一般来讲,比较简单的交叉运算题,可以使用容差法去掉多余的计算部分就可以了,比较复杂的题使用文氏图。在"三段论"里面,文氏图的解法也是有一定口诀的,见表 4.1。

表 4.1　文氏图法口诀

文氏图法口诀	说　明
①先画所有	比如,所有的 A 是 B
②再画有些	比如,有的 A 是 D
③确定关系画实线	比如,所有的 B 不是 C
④关系不定画虚线	比如,有的 C 是 D

需要注意的是,对于图 4.2 所有的 A 是 B,A 圈可以扩大,最大扩张到与 B 圈完全重叠(即同一关系)。而对图 4.3 有的 A 是 B,B 圈的虚线弧是可以左右移动的,最左可以移动到与 A 圈有一个点的交集,最右可以移动到弧完全包含了 A 圈。

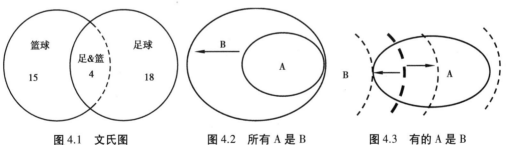

图 4.1　文氏图　　　　图 4.2　所有 A 是 B　　　　图 4.3　有的 A 是 B

下面通过一些例题来练习文氏图的使用方法。

例 4.1　已知①所有校学生会委员都参加了大学生电影评论协会;②张珊、李斯和王武都是校学生会委员;③大学生电影评论协会不吸收大学一年级学生参加。

如果上述断定为真,则以下哪些选项一定为真?

a.张珊、李斯和王武都不是大学一年级学生。

b.所有校学生会委员都不是大学一年级学生。

c.有些大学生电影评论协会的成员不是校学生会委员。

A.只有 a   B.只有 b   C.a、b 和 c   D.只有 a 和 b

解析:根据题干,命题①、②、③都是关于"所有"的,因此画出文氏图,如图 4.4 所示。

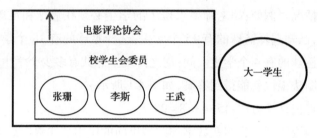

图 4.4 解题文氏图(例 4.2)

题目要求选出 a、b、c 中一定为真的选项。a 项,由图知三个人的集合与"大一学生"集合并无交集,所以为真;b 项,"校学生会委员"与"大一学生"并无交集,所以为真;c 项需要注意的是,我们虽然画成了大学生电影评论协会包含校学生会委员,但是当"校学生会委员"集合扩大到与电影评论协会重合,即电影评论协会的成员就是所有的校学生会委员时,该命题就为假了,所以 c 项是不确定的。综上,答案选 D。

这一类题目在画图时是比较容易的,但是一定要注意一些特别的例子,但凡有一个不符合,都会存在着不确定的情况,这是初学者经常会犯的错误,也是人们日常工作生活中容易忘掉的特殊情况。

例 4.2 已知①所有四川来京打工人员,都办理了卫生证;②所有办理了卫生证的人员,都获得了从业证;③有些四川来京打工人员当上了警卫;④有些舞蹈学校的学员也当上了警卫;⑤所有的舞蹈学校的学员都未获得从业证。

问题 1:如果上述断定都是真的,那么除了以下哪项,其余的断定也必定是真的?

A.所有四川来京打工人员都获得了从业证

B.没有一个舞蹈学校的学员办理了卫生证

C.有些四川来京打工人员是舞蹈学校的学员

D.有些警卫没有从业证

E.有些警卫有从业证

问题 2:以下哪个人的身份,不可能符合上述题干所做的断定?

A.一个人获得了从业证,但并不是舞蹈学校的学员

B.一个人获得了从业证,但没有办理卫生证

C.一个人办理了卫生证,但并不是四川来京打工人员

D.一个人是办理了卫生证的舞蹈学校的学员

E.一个警卫,他既没有办理卫生证,又不是舞蹈学校的学员

解析:根据题干我们可以知道,命题的①、②、⑤是关于"所有",③、④是关于"有些",所以画图时先画①、②、⑤,后画③、④,如图4.5所示。

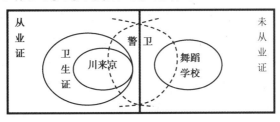

图4.5 解题文氏图(例4.3)

由图解答,问题1需要找出为假的项。A选项为真,由图得;B选项等同于"所有舞蹈学校的学员都没有办理卫生证",其所属大圈与"卫生证"所属圈子相斥,所以结论为真;C选项,"川来京"圈子和"舞蹈学校"圈子没有交集,所以结论为假;D选项,标注为虚线的"警卫"圈子一部分在"从业证"圈子中,一部分在"未从业证"圈子中,所以结论为真;E选项,同上,为真。所以问题1选择C。

问题2需要选出的是肯定为假的选项。由图知道,A选项为真,"从业证"和"舞蹈学校"是没有交集的;B选项,因为"卫生证"是包含在"从业证"中的,对于办理了"从业证"的人来说,有可能有卫生证,也有可能没有,所以该选项并不能确定一定为假;C选项,跟B选项一样,办理了卫生证的人可能是川来京的,也可能不是,所以不确定;D选项,设计两个圈子,"卫生证"和"舞蹈学校",这两者并无交集,所以该选项为假;E选项,满足该选项为真的集合很容易找到,即那些在"未从业证"圈子中,但是不在"舞蹈学校"圈子中的点都符合要求,反过来,看左边的"从业证"集合,我们可以找到的是警卫,但有从业证,又不在舞蹈学校的人,所以该选项也是不确定的,有时为真,有时为假。综上所述,问题2选择D。

这一类题目是公务员行政能力测试中常考的题目,当我们能熟练运用了之后就能快速地给出题目的答案。

(3)快速解题法——前提性三段论

文氏图一般解决的是给出了已知条件,判断结论是否正确;而前提性的三段论解决的问题是结论已经知道了,要使这个结论成立,怎样去设定前提。当然,我们可以运用之前提到的4种标准形式来推出答案,但该方法也有一些弊端:第一,浪费时间,第二,要求我们对该知识的掌握很熟悉。所以在这里,为了节约时间,可以运用三段论的一些特性来迅速排出选择答案。

首先我们要了解一下三段论当中的一个术语——词项。一个正确的三段论有且仅有3个词项,其中联系大小前提的词项叫中项,在前提中出现两次;出现在大

前提中,又在结论中作谓项的词项称为大项;出现在小前提中,又在结论中作主项的词项称为小项。也就是说,对于"所有 A 是 B,所有 C 是 A,所以所有 C 是 B",把 A 称为中项,B 称为大项,C 称为小项。因此,对于前提性三段论,我们可以总结出以下的特性:

①三段论包含 3 个不同概念,每个概念在推理中出现两次;

②在结论中不出现的项为中项,中项一般都有"所有 A"的形式;

③前提中有"有些",结论中必然也是有"有些","有些"+"有些"推不出任何结论,即两个前提不能都是有些;

④两个前提不能都是否定句。

我们通过例题来练习这些特性的使用方法。

例 4.3 有些艺术家留大胡子,因此,有些留大胡子的人是大嗓门。

为使上述推理成立,必须补充以下哪项作为前提?

A.有些艺术家是大嗓门

B.所有大嗓门的都是艺术家

C.所有艺术家都是大嗓门

D.有些大嗓门的人不是艺术家

解析:因为"有些"+"有些"推不出任何结果,而前提里面已经有一个"有些"了,所以我们要补充的必须是由"所有"引导的句子,因此,排除 A 和 D 选项;题干中有三个概念,即艺术家、大胡子、大嗓门,因为大胡子出现了两次,所以选项应该是"艺术家"和"大嗓门"。观察选项,B、C 都含有这两个选项,只是选项位置不同,那接下来考虑选项位置;因为"艺术家"在结果中没有出现,所以"艺术家"为该题的中项,应有"所有艺术家……"的形式。综上,该题选 C。

反之,大家也可以使用前面的文氏图法对该结论进行验证。

例 4.4 某些东方考古学家是美国斯坦福大学的毕业生。因此,美国斯坦福大学的某些毕业生对中国古代史很有研究。

为保证上述推断成立,以下哪项必须是真的?

A.某些东方考古学家专攻古印度史,对中国古代史没有太多的研究

B.某些对中国古代史很有研究的东方考古学家不是从美国斯坦福大学毕业的

C.所有东方考古学家都是对中国古代史很有研究的人

D.某些东方考古学家不是美国斯坦福大学的毕业生,而是芝加哥大学的毕业生

解析:该题看似比上一个例题复杂,实际使用一个特性就可以判断出结果。根据题干,我们可以得到这样的结构"某些"+? ="某些"。因为"某些"+"某些"无法得出结论,所以答案只有 C 是可以的。我们也可以进一步研究,题干提到了三个内容"东方考古学家""美国斯坦福大学的毕业生""对中国古代史很有研究",其

中,结论中未出现的项是"东方考古学家",因此,该项为中项,具有"所有 A……"的样式,确认 C 选项是正确的。

(4)省略"三段论"

从思维过程来看,任何三段论都必须具有大、小前提和结论,缺少任何一部分就无法构成三段论推理。但在具体的语言表述中,无论是说话还是写文章,常常把三段论中的某些部分省去不说,省去不说的部分或是大前提,或是小前提,或是结论。而省略"三段论"所省略的,只是语言表达,而不是它的逻辑结构。也就是说,省略三段论所省略的部分,在逻辑结构上,仍是它的必要部分,只不过没有把它在语言上表达出来而已。省略三段论有 3 种形式:

a.省略大前提。省略的大前提往往是得到了普遍承认的一般性原理。例如:

①你是法学院的学生,你应当要学法律基础知识。

此处省略了大前提"凡是法学院的学生都应该学好法律基础知识"。

②改革是新事物,当然免不了要遇到前进中的困难。

此处省略了大前提"凡是新事物都免不了遇到前进中的困难"。

b.省略小前提。省略的小前提往往是不言而喻的事实。例如:

①企业都应该提高经济效益,国营企业也不例外。

此处省略了小前提"国营企业也是企业"。恢复其完整式是"企业都应该提高经济效益,国营企业也是企业,所以,国营企业应该提高经济效益"。

②这部连续剧不是优秀作品,因为优秀作品是思想性与艺术性相结合的作品。

此处省略的小前提是"这部连续剧不是思想性与艺术性相结合的作品"。恢复其完整式是"优秀作品都是思想性与艺术性相结合的作品,这部连续剧不是思想性与艺术性相结合的作品,所以这部连续剧不是优秀作品"。

c.省略结论。省略的结论,因为其显而易见,不说出来往往比说出来更有力。

①业余办学形式是群众所欢迎的,函授教育就是一种业余办学形式。

省略了结论"函授教育形式是群众所欢迎的"。

②所有的人都免不了犯错误,你也是人嘛。

省略的结论是"你也免不了犯错误"。

4.归纳与演绎的关系

归纳与演绎这两种方法既互相区别、互相对立,又互相联系、互相补充,它们相互之间的辩证关系表现为:一方面,归纳是演绎的基础,没有归纳就没有演绎;另一方面,演绎是归纳的前导,没有演绎也就没有归纳。一切科学的真理都是归纳与演绎辩证统一的产物,离开演绎的归纳和离开归纳的演绎,都不能达到科学的真理。

①归纳是演绎的基础。演绎是从归纳结束的地方开始的,演绎的一般知识来源于经验归纳的结果。没有大量的机械运动的经验事实,不可能建立能量守恒定律;没有大量的生物杂交的试验事实,不可能创立遗传基因学说。数学是一门演绎

成分起重要作用的科学,表面上看似乎不需要经验和归纳,其实不然,数学必须借助于归纳的思维方法才能得到建立和发展。例如,关于素数有这样一条定理:在任何一个素数和它的二倍之间,至少存在另一个素数。如在 3 与 6 之间有素数 5;在 5 与 10 之间有素数 7,等等。显然,素数的这条定理是通过归纳推理得到的。数学的定义、原则、公理等抽象概念,都是归纳人类实践经验的产物,都可以在现实世界找到它们的原型。可见,归纳为演绎准备前提,而演绎中又包含有归纳。

②演绎是归纳的前导。归纳虽然是演绎的基础,但归纳本身也离不开演绎的指导,对实际材料进行归纳的指导思想往往是演绎的成果。就如前面说到的,达尔文的进化论虽然是在调查和实验的基础上,归纳总结出来的结论,但在这之前他也接受了拉马克、赖尔等人的进化论观点,特别是遵循了赖尔的地质演化学说。根据这个理论,当然可以推出地球上生物的物种也是历史地、逐渐地改变的,并非结论从来如此的。因此,达尔文以赖尔的理论作为自己在归纳研究时的指导,从而从大量的生物资料中,概括出生物进化的科学理论。可见,没有演绎证明了的理论,归纳就缺乏明确的目的与指导,因而,归纳一刻也离不开演绎。

③归纳与演绎互为条件,互相渗透,并在一定条件下互相转化。归纳出来的结论,成为演绎的前提,归纳转化为演绎;以一般原理为指导,通过对大量材料的归纳得出一般结论,演绎又转化为归纳。归纳与演绎是相互补充,交替进行。归纳后随之进行演绎,为归纳出的认识成果得到扩大和加深;演绎后随之进行归纳,用对实际材料的归纳来验证和丰富演绎出的结论。人们的认识,在这种交互作用的过程中,从个别到一般,又从一般到个别,循环往复,步步深化。

在逻辑史上,归纳与演绎常常被人们看作是两种不相容的思维形式,看不到二者之间的关系,出现过片面夸大演绎作用"全演绎派"和片面夸大归纳作用的"全归纳派"。从一个极端走向另一个极端。我们在运用归纳与演绎方法时,必须把二者有机地联系在一起,同时还必须有机地将归纳和演绎的方法与分析和综合等思维方法结合起来运用才能充分发挥逻辑思维的作用。

4.2.2 分析法

分析法是逻辑思维中最基本的方法,它主要是把事物分解为各个部分、侧面、属性分别加以研究,是认识事物整体,掌握事物的本质和规律的必要阶段。

例如:在光的研究中,人们分析了光的直线传播、反射、折射,认为光是微粒,人们又分析研究光的干涉、衍射现象和其他一些微粒说不能解释的现象,认为光是波。当人们测出了各种光的波长,提出了光的电磁理论,似乎光就是一种波,一种电磁波。但是,光电效应的发现又是波动说无法解释的,又提出了光子说。当人们把这些方面综合起来以后,一个新的认识产生了:光具有波粒二象性。

分析法解题的关键是"将条件用尽"。即对于题目所给的条件逐个列出,同时还要善于分析隐含条件。运用分析法,往往看上去复杂的问题会变得很简单。在学习和工作的过程中,几乎处处离不开分析法,它对提高个人缜密的推理有很大帮助。下面我们就通过习题中的练习来训练自己的分析能力。

例 4.5 假设拿破仑正站在十字路口。一天晚上,一个十字路口的路标被供给马车破坏了。拿破仑军中没有人能把路标放好并使它指向正确方向。拿破仑沉思了片刻之后,发布命令把路标放回原处。但是拿破仑以前不曾到过这个十字路口,那么,他是如何做到的呢?(答案见本章习题之后)

例 4.6 有一个人十分迷信,在婚姻问题上左右为难,下不了决心,不知何去何从,于是他想听听算命先生的意见。街上有甲乙两个算命先生,甲告诉他:我说的话,只有 60% 是正确的。",乙告诉他,我说的话只有 20% 是正确的,这人想了想,选了乙给他算命了,你知道这是为什么吗?(答案见本章习题之后)

例 4.7 有 A、B、C 共 3 个人决斗,分别站在边长为 1 米的正三角形的顶点上。每个人手里有一把枪,枪里只有一发子弹。每个人都是神枪手,不会失手。如果决斗者 A 不想死,他要怎么做才能保证存活?(答案见本章习题之后)

例 4.8 制笔厂发出 10 箱铱金笔,其中有一箱是用不锈钢材料做的替代品。10 个箱子外形和颜色都一样,只是重量上有差别:铱金笔每支重 100 克,不锈钢替代品每支重 90 克。要求用一个天平秤只称一次把这箱替代品检查出来,你知道该怎么称吗?(答案见本章习题之后)

4.2.3 排除法

排除法在生活中使用最为广泛,也是我们最为得心应手的方法。在学习时,面对选择题最为常见的快速判断方法就是排除法,这也是我们基本从小学开始就在使用的方法。排除法是指排除掉不可能的,剩下的总会有正确的。福尔摩斯说过:"当排除了所有其他的可能性,还剩一个时,不管有多么的不可能,那都是真相。"所以,这也是警察在进行案件侦查时惯用的方法。

排除法看似笨拙,但在解题的过程中却特别重要。正确运用排除法,往往能收到事半功倍的效果。这种方法在工作和生活过程中会被经常运用到,对于提高大家的逻辑思维能力和推理能力都有很大的作用。下面,我们通过例题来练习排除法的使用。

例 4.9 已知我住在工厂和村庄之间的某个地方,而工厂位于村庄和火车站之间的某一处。那么,下面判断正确的是?

A.工厂到我住的地方的距离比到火车站近。

B.我住在工厂和火车站之间。

C.我住的地方到工厂的距离比到火车站近。

解析:由已知可以得到一个大概的位置图,如图 4.6 所示。A 选项并不能得出,

"我的住处"只有一个范围;B选项,由图看得出是错的;最后剩下C选项,是对的。

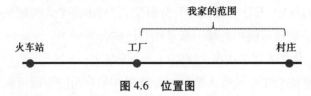

图 4.6 位置图

例 4.10 老师带着 7 名学生,他让 6 名学生围坐成一圈,让另一名学生坐在中央,并拿出 7 顶帽子,其中 4 顶是白色,3 顶是黑色。老师蒙住 7 名学生的眼睛,并将 7 顶帽子戴在学生头上,然后只解开坐在圈上的六名学生的眼罩。这时,由于坐在中央的学生的阻挡,每个人只能看到 5 个人的帽子。老师说:"现在,你们 7 人猜一猜自己头上戴的帽子的颜色。"大家静静地思索了好大一会。最后,坐在中央的、被蒙住双眼的学生举手说:"我猜到了。"请问:中央的被蒙住双眼的学生带的是什么颜色的帽子? 他是怎样猜到的?

解析: 对于周围的 6 个人,如果这 6 人中有人能看到 4 顶白帽子,那么他肯定可以知道自己是黑帽子;如果看到 3 顶黑帽子,则能判断出自己是白帽子。然而,这 6 个人都无法给出自己帽子的颜色,只能说明这 6 个人没有人能看到 4 顶白色帽子或者 3 顶黑色帽子。那么,我们可以推测出每一个人和对面的人(就是他看不到的那个人)帽子颜色不同,所以一圈六人必然是三白三黑,于是中央的人就能猜出他是白色。

例 4.11 有 9 个人一起去游玩,这 9 个人中有 3 个成年妇女,分别姓张、王、李,2 个成年男人,分别姓赵、郑,4 个孩子,分别姓帆、林、波、峰。在游玩时,总共有 9 个座位,但这 9 个座位分别放在娱乐场的 3 个不同的位置,3 个座位一组互相毗邻。为了保证游玩的质量,9 个人必须根据以下条件分为 3 组。

①性别相同的成年人不能在一组。

②帆不能同张在一组。

③林必须同王或赵同组,或者同时与王、赵同组。

问题:

①如果张是某组的唯一的大人,那么她所在组的其他两个成员必须是谁?

　　A.帆和林　　　B.帆和波　　　C.林和波　　　D.林和峰　　　E.波和峰

②如果张和赵是第一组的两个成员,那么谁将分别在第二组和第三组?

　　A.王、李、帆;郑、波、峰　　　　B.王、帆、峰;李、郑、林

　　C.王、林、波;李、帆、峰　　　　D.李、郑、帆;王、波、峰

　　E.帆、林、波;王、郑、峰

③下列哪两个人能与帆同一组?

　　A.张和波　　　B.王和赵　　　C.王和郑　　　D.赵和郑　　　E.林和峰

④下列哪一个断定一定是对的?

A.有一个成年妇女跟两个孩子同一组　　B.有一个成年男人跟帆同一组

C.张和一个成年男人同组　　　　　　　D.李那一组只有一个孩子

E.有一个组没有孩子

⑤如果李、波和峰同一组,那么下列哪些人是另一组成员?

A.张、王、郑　B.张、赵、帆　C.王、赵、帆　D.王、郑、帆　E.赵、郑、林

解析:

①选 E。A、B 首先被排除,因为明显违反条件②;C、D 不符合条件③。所以选 E。

②选 D。王和李性别相同,A 违反条件①;林必须同王或赵同组,或者同时与王、赵同组排除 B 和 E;C 组合中郑只能与张、赵一组,违反条件①,排除。所以选 D。

③选 C。帆不能在张那一组,排除 A;根据条件③,排除 B、E;根据条件①,排除 D;故选 C。

④选 A。根据条件①,3 个成年女性分别分在 3 个组里,两成年男子分别分在两个组里,剩下的 4 个孩子再做分配,必有两个孩子在一起,要跟一个成年女性。B、C、D 选项都不确定,E 选项完全错误,与条件①相悖,排除掉,所以选 A。

⑤选 D。首先排除 B,因为张和帆同组;张和王同组违反条件①,排除 A;根据条件③,排除 C;根据条件①,排除 E。故选 D。

这个题是典型的通过排除法得到正确答案,这是有选项的情况,所以我们比较好去排除掉不可能的,而留下可能的选项。如果没有选项的话,我们的排除范围就更大了。

例 4.12　3 位在高街区不同商店工作的女店员都需要穿工作服上班。从以下所给的线索中,你能推断出每个店员所在的商店名称、商店的类型以及她们所穿工作服的颜色吗?

①小米在半岛商店工作,半岛商店不是一家面包店;

②娜娜每天都穿黄色工作服上班;

③斯蒂德商店的女店员都穿蓝色工作服;

④阿曼在一家药店工作。

解析:由条件①和④知道半岛商店不是面包店,也不会是药店,那就是第三种类型的商店,此处我们假设第三种类型为眼镜店(此处因为题目中未提及第三种商店类型是什么,为了方便思考,可以自己随意假设一种),因此我们可以得到第一条确定的信息"小米在一家叫半岛的眼镜店上班",结合条件③,可以知道,小米不在斯蒂德商店,不会穿蓝色工作服,由条件②知道娜娜穿了黄色工作服,排除掉这两种颜色,也就是说,小米穿的是第 3 种颜色的工作服,假设为粉色(同样,该颜色在题目中也未提及,可以自行假设)。所以,"小米在一家叫半岛的眼镜店上班,穿粉

色工作服"。

排除掉小米的信息之后,由条件③和条件④可以知道,"阿曼在一家叫斯蒂德的药店工作,穿蓝色工作服"。剩下的就是娜娜的信息了。

综上所述,得出结论,"小米在一家叫半岛的眼镜店上班,穿粉色工作服";"阿曼在一家叫斯蒂德的药店工作,穿蓝色工作服";"娜娜在一家叫加麦(假设)的面包店工作,穿黄色工作服"。

但凡遇到这一类问题,我们可以一一排除掉确定的部分,让信息的范围越来越小,从而给出完整的答案,对于条件以及涉及的问题比较简单,可以直接推理得到,而有些比较复杂的问题,则可以用表格的方式来解答,例如下面这个例题。

例4.13 幼儿园有5个小孩生病了。根据所给信息,请你说出他们的名字,得了什么病,他们睡衣的颜色,以及他们得到了什么做安慰。

①穿红色睡衣的小孩得到了一本书。

②得了麻疹的小孩(不是贝利叶也不是弗兰克)得到了一个玩具。

③艾丽斯得了腮腺炎。另外一个小孩(穿绿色睡衣)有朋友来看望。

④弗兰克穿着橘色的睡衣,他得的不是扁桃体炎。

⑤里伊得了猩红热,他穿的睡衣不是绿色。

⑥得了水痘的小孩没有得到冰淇淋。

⑦穿蓝色睡衣的不是罗宾,也不是里伊。

⑧有一个小孩穿着黄色睡衣。

⑨有一个小孩得到了果冻。

解析: 先在已知中找到我们要得出的结论的主语是什么,该题是5个小孩的名字,即艾丽斯、弗兰克、里伊、罗宾、贝利叶,我们将这5个名字作为表格的行标题,写在左侧。从题干部分我们确定我们需要找出的信息有"病"、"睡衣颜色"和"安慰"3项信息与名字的对应关系,然后在已知中找到这3项信息具体的内容,"病":麻疹、腮腺炎、扁桃体炎、猩红热、水痘;"睡衣颜色":红、绿、橘、蓝、黄;"安慰":书、玩具、看望、冰淇淋、果冻。然后我们将这些信息作为表格的列标题依次写在上方。最后得到表格,见表4.2,依次将已知信息填入表格,确定的打"√",不可能的打"×"。

表4.2 排除法表

	红★	绿●	橘	蓝	黄	书★	玩具▲	看望●	冰淇淋	果冻	麻疹▲	腮腺炎	扁桃体炎	猩红热	水痘
艾丽斯	×	×	×	√	×	×	×	×	√	×	×	√	×	×	×
弗兰克	×	×	√	×	×	×	×	×	×	×	×	×	×	×	√
里伊	√	×	×	×	×	√	×	×	×	×	×	×	×	√	×
罗宾	×	×	×	×	√	×	√	×	×	×	√	×	×	×	×
贝利叶	×	√	×	×	×	×	×	√	×	×	×	×	√	×	×

具体步骤:

(1)根据条件①,知道"红"和"书"是一起的,但并不确定是谁,所以在两者标题处标注了"★"。

(2)根据条件②,在贝利叶和弗兰克对应的"麻疹"和"玩具"框中打"×",同时为"书"和"麻疹"标注"▲"。

(3)根据条件③,在艾丽斯对应"腮腺炎"的方格内打"√",此时,艾丽斯不可能得其他病,且其他孩子不可能得"腮腺炎",因此在对应排除掉的格子内打"×"。然后,注意"另外一个小孩"字样,因此在艾丽斯对应"绿"和"看望"方格内打"×"。最后"绿"和"看望"一定是一起的,标注"●"。

(4)根据条件④,弗兰克对应"橘"打"√",对应"扁桃体"打"×",同时,其他人不可能穿橘色睡衣,弗兰克也不可能穿其他颜色的睡衣,对应格子打"×"。

(5)根据条件⑤,里伊对应"猩红热"打"√",对应"绿"打"×",同时,其他人不会得"猩红热",里伊不会得其他病,因为"绿"和"看望"是一起的,既然里伊不穿绿色,那他得到的安慰也不会是"看望"。

(6)检查条件⑥的时候,发现表中弗兰克只可能得"水痘",打"√",弗兰克对应"冰淇淋"格子打"×",同时,其他人不可能再得"水痘",对应打"×"。再检查表的时候,发现贝利叶只能得"扁桃体炎",打"√"。最后,罗宾只能得"麻疹"了,而"麻疹"和"玩具"是一起的,所以罗宾得到了"玩具",同时排除其他人得"玩具"的可能,也排除了罗宾获得其他安慰的可能,因为"书"和"红"是一起的,所以罗宾不可能穿"红"色,而"绿"和"看望"是一起的,所以罗宾也不穿"绿"色。然后我们又发现,"绿"色只有贝利叶能穿了,既然穿了"绿"色,就有人"看望",没有能确定的信息之后,继续看条件。

(7)根据条件⑦,罗宾和里伊不穿蓝色,对应格子打"×",则罗宾只能穿"黄"色,而里伊只能穿"红"色,并且得到"书"的安慰。至此,有用的条件已经使用完,条件⑧和⑨只是告诉我们其中一种睡衣的颜色和安慰。

(8)对表中内容进行最后的整理,弗兰克只能得到"果冻",艾丽斯得到"冰淇淋",并且穿"蓝"色衣服。

整理后得到最后的对应关系:艾丽斯穿蓝色睡衣,得了腮腺炎,获得冰淇淋作为安慰;弗兰克穿橘色睡衣,得了水痘,获得果冻作为安慰;里伊穿红色睡衣,得了猩红热,获得书本作为安慰;罗宾穿黄色睡衣,得了麻疹,获得玩具作为安慰;贝利叶穿绿色睡衣,得了扁桃体炎,有朋友来看望。

对于这种比较复杂的信息对号问题,用表格能够让信息清楚明了的呈现在我们面前,大家也可以尝试着用该方法解决例4.12。

另外,数独也是一种训练逻辑思维的游戏,它源自18世纪瑞士数学家欧拉等人研究的拉丁方阵。数独的盘面是个九宫格，每一宫又分为九个小格。在这81格中给出一些数字作为已知，要求在剩下的空格中填入1—9的数字，使每一行、每一列和每一宫中1—9都不重复，所以又称"九宫格"，如图4.7所示。

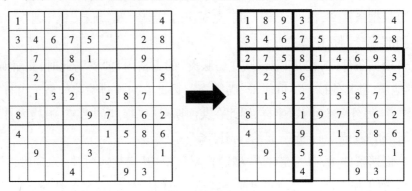

图 4.7　数独规则

例 4.14　解出下面数独。（答案见本章末）

（1）初级

9	5	3			1		8	
7	8				6	2		
				9	4			
	7		8		9	3		
		7		3				5
	2		5					1
		5						6
		2		6	3			4
2		4	1					

（2）高级

		4			2	9	7	
	2			9				
	3							
				3				5
1			8	6				
	5	6		4		1		2
8	6	7	1					
		5	4					1
9					2	3		

数独使用最多的方法是排除法，通过对每一个格子行、列和当前宫的数字集合来排除掉不可能的数字，填入唯一可能的数字，如（1）小题中，表格第6列中数字3出现在了该列的第5格，因此再不会出现在该列的其他格，对于最下面中间的第8宫来说，右侧列不可能出现数字3了，同理，表格第8行数字3出现在了第7格，所以也不会出现在该行的其他格，所以对于第8宫，只能是数字5右侧格子为数字3，如图4.8所示。

图 4.8　排除法填数字 3

4.2.4 假设法

在寻找真理的道路上,我们往往会遇到一些难以抉择的两难问题,举棋不定,停滞不前。与其左右不定,不如给出一个假设,然后由该假设列出可能会出现的结果,如果该结果不是我们想要的,或者该结果里面会遇到不可能的事情,那也排除掉了一种可能性。其实在工作和生活中也是这样,当我们迷茫困惑时,不如假设,如果这样会有什么样的结果,如果那样会有什么样的结果,让我们能够判断出什么才是我们心中真正想要的,指明我们前进的道路。

1.假设法练习

假设也是有一定技巧的,下面我们通过例题来了解假设当中的奥妙。

例 4.15 有甲、乙两人,其中,甲只说假话,而不说真话;乙则是只说真话,不说假话。但是,他们两个人在回答别人的问题时,只通过点头与摇头来表示,不讲话。有一天,一个人面对两条路:A 与 B,其中一条路是通向京城的,而另一条路是通向一个小村庄的。这时,他面前站着甲与乙两人,但他不知道此人是甲还是乙,因此,也不知道"点头"是表示"是"还是表示"否"。现在,他只能问一个问题,然后根据两人的反应断定出哪条路通向京城。那么,这个问题应该怎样问?

解析:如果直接问路,是无法知道被问的这个人到底是甲还是乙的,那我们也不清楚他到底说的是真是假,所以不如在一个问题里面把 2 个人都牵扯进来,问这个人另一个人的反应。因此,这个人只要站在 A 与 B 任何一条路上,然后,对着其中的一个人问:"如果我问他(甲、乙中的另外一个人)这条路通不通向京城,他会怎么回答?"。根据该问题,我们会得到几种可能,见表 4.3。

表 4.3　问题答案

	X	Y
X 为甲(路对)	摇头	点头
X 为甲(路错)	点头	摇头
X 为乙(路对)	摇头	摇头
X 为乙(路错)	点头	点头

由表我们可以知道,如果两个人答案不一样,说明被问的这个人是甲,那根据另外一个人的反应去选择就可以了;如果两个人答案一样,则说明被问的人是乙,两个人都摇头,这条路就对了,如果都点头,这条路就错了。

例 4.16 爸爸为了考考儿子的智力,给儿子出了道题。爸爸说:"我手里有 1元、2 元、5 元的人民币共 60 张,总值是 200 元,并且 1 元面值的人民币比 2 元面值的人民币多 4 张。儿子,给爸爸算算这 3 种面值的人民币各有多少张?"儿子眨了眨眼睛,摸摸脑袋,也不知道怎么算。你能算出来吗?

解析:这类问题早在初中就出现在了数学里面,我们可以用三元一次方程组来解答,假设 1 元有 x 张,2 元有 y 张,5 元有 z 张,再根据已知列出方程组,解出答案即可。如果实践生活中没有条件去列方程组的时候,我们可以通过另一种假设来完成。因为 1 元比 2 元要多 4 张,那先从 60 张里面将这 4 张去掉,那么三种人民币的总和就是 60-4=56 张,因为减掉了多余的 4 张 1 元的,所以,在这 56 张人民币中,1 元和 2 元的人民币数量相等,剩下的总面值就是 200-4=196 元,再假设 56 张全是 5 元的,这时人民币的总面值就是 5×56=280 元,比实际剩下的多 280-196=84 元,原因是把 1 元和 2 元都当成了 5 元,等于是多算了 5×2-(1+2)=7 元,84÷7=12,由此就可以知道是把 12 张 1 元的和 12 张 2 元的假设成了 5 元,所以 2 元的有 12 张,1 元的有 12+4=16 张,5 元的就有 32 张。

2.假设法技巧

假设法作为判断事物真假的一个重要思维方法,而将假设法进行深入剖析之后不难发现,要想"攻克"这类问题的难点和重点也是有一些技巧的。假设法的运用十分广泛,它可以和分析推理、真假推理、翻译推理等题型结合考察,而当我们无法判定一句话的真假时,假设法不失为一种很好的方法。根据上面的例题练习,我们可以发现,假设法在使用时应该秉持下面 3 点原则:

①寻找入手点。假设法的题目,不论是跟哪种题型相结合,题干中的信息都是有真有假的,而在找寻假设的切入点之时,则可运用信息确定性高的优先的原则,即把信息比较确定的信息作为假设的开端。比如,下面这个题:

宋江、林冲和武松各自买了一辆汽车,分别是宝马、奥迪和路虎。关于他们购买的品牌,吴用有如下猜测:"宋江选的是路虎,林冲不会选择奥迪,武松选的肯定不是路虎",但是他只猜对了其中一个人的选择,那下面哪个说法是正确的:

A.宋江选的是奥迪,林冲选的是路虎,武松选的是宝马。

B.宋江选的是路虎,林冲选的是奥迪,武松选的是宝马。

C.宋江选的是奥迪,林冲选的是宝马,武松选的是路虎。

从题干中,可以知道"路虎"是信息量最大的信息,所以从"路虎"入手会更容易得出相斥的信息,这点类似于例 4.16。

②在假设法的运用过程中,其实假设的方法是很自由的,可以任意假设句子为真或为假,但是考虑到时间紧迫性的局限,假设的方法也是必要的,此时秉持的基本原则是:以假设后结论的唯一性为标准,根据此项基本原则,则延伸出两个假设的详细办法,即:肯定句优先假设为真,而否定句优先假设其假。如上题中,假设"宋江选的是路虎",则优先假设其为真,即宋江选的就是路虎。若假设"武松选的肯定不是路虎",则优先假设其为假,因为此句为假的话,则说明武松选的是路虎。

③随时验证。假设法,顾名思义,刚开始只是一种解题者自己的假想而已。既然是假象,那肯定未必是真的,因此,假设完成之后,必须借助题干中的其他内容对假设进行验证,若在验证过程中,题干出现前后矛盾的情况,那么一开始的假设很明显是错的;而如果在通题假设之后没有出现任何矛盾,则假设正确,而此时得到

的结论也完全可以用于题目的解答。

其实假设法的实质就是矛盾关系的运用,因此,在运用假设法的过程中,矛盾命题的时刻转换是十分必要的。即假设某句真,发现矛盾之后,则这句话为假,实际上是这句话的矛盾命题为真,转换成其矛盾命题之后则得到确定结论。

所以使用上面的原则综合分析,此题的解题思路应为:假设宋江是路虎为真,则武松不是路虎也肯定真,两句为真则与题干中一句为真矛盾,故宋江不是路虎。接下来继续假设武松不是路虎为假,则武松是路虎,且此时1、3两句都假,则第二句为真,即林冲不会选择奥迪,那么林冲只能选择宝马,则宋江是奥迪。整个题目分析下来,发现没有任何矛盾,则假设正确,答案可以直接使用。

大家可以尝试着使用上面的原则来解答下面的例题。

例4.17 有宋铭、王宇、李帆、崔妍4个朋友,他们分别是音乐家、科学家、天文学家和逻辑学家。在少年时代,他们曾经在一起对未来做过预测,当时,宋铭预测说:我无论如何也成不了科学家。王宇预测说:李帆将来要做逻辑学家。李帆预测说:崔妍不会成为音乐家。崔妍预测说:王宇成不了天文学家。事实上,只有逻辑学家一个人预测对了。那么,崔妍是什么"家"呢?

A.音乐家　　　B.天文学家　　　C.科学家　　　D.逻辑学家

解析:根据上述分析,从逻辑学家入手。只有逻辑学家一个人预测对了,则意味着,逻辑学家和预测对之间是充分必要条件关系,必须把二者作为一个整体。接下来,聚焦到王宇这句话上,因为他提到了逻辑学家。王宇为真还是假还不好直接判断,故假设。由于王宇说的是肯定句,故优先假设王宇为真。若王宇为真,则李帆是逻辑学家,即李帆为真,此时两人为真,与题干矛盾,故王宇为假,亦即李帆不是逻辑学家,李帆为假,即崔妍是音乐家。

例4.18 甲、乙、丙、丁4人涉嫌某案被传讯。甲说:作案者是乙。乙说:作案者是甲。丙说:作案者不是我。丁说:作案者在我们4人中。如果4人中有且只有一个说真话,则以下哪项断定成立?

A.作案者是甲　　　　　　　B.作案者是乙

C.作案者是丙　　　　　　　D.题干中的条件不足以断定谁是作案者

解析:该题也是一个真假判断的题,所以我们采用假设法。首先,浏览4个人说的话,会发现甲和乙的话指向性强,所以,假设甲说的是真话,则作案者是乙,可推出丁说的也是真话,矛盾;假设乙说的是真话,同理也会导致矛盾;假设丙说的是真话,则作案者不是丙,由于只有一人说真话可知,甲、乙和丁的话为假,则作案者不在4人之中,由于题干并没有说作案者在4人之中,所以此种情况成立;假设丁说的是真话,则甲、乙、丙说的都是假话,可知作案人是丙,也符合题意。所以答案为D。

逻辑推理方法有多种多样,解决一个实际问题所要用到的方法也并不是单一的,有时候也需要多种方法交叉使用才能解决实际生活工作中的复杂问题。所以,加强练习,让这种思维方式变成自己的一种习惯。

4.3　行政能力测试逻辑模拟题

　　行政能力测试是公务员考试中非常重要的一个科目,该科目主要是测试应试者的知识面、逻辑推理能力以及数学运算能力。而逻辑部分又是该科目考试里面一个非常重要的部分,它要求应试者具备缜密的逻辑判断能力,能够进行滴水不漏的逻辑推理,从而做出正确的判断,这也是公务员需要具备的素质之一。

　　下面就在此给出一些历届的和模拟的行测逻辑题,大家可以通过练习找到其中的规律,以及快速解题的方法,毕竟,考试是有时间限制的。

　　例 4.19　根据下列题干部分词语之间的关系,选择相同的选项。

　　(1)水:森林:煤炭

　　A.氮:蛋白质:智力　　　　　　　　B.闪电:雨:打伞

　　C.雪:丰年:喜悦　　　　　　　　　D.表扬:自信:乐观

　　(2)出行:雾霾:口罩

　　A.休息:沙发:电视　　　　　　　　B.超车:公路:路标

　　C.勘探:野外:地图　　　　　　　　D.娱乐:海滨:游泳

　　(3)麻雀:动物:生物链

　　A.豆浆:早餐:豆制品　　　　　　　B.开水:纸杯:便利品

　　C.发卡:首饰:妆扮品　　　　　　　D.钢笔:计算机:办公品

　　(4)商品:琳琅满目

　　A.商场:熙熙攘攘　　　　　　　　　B.公司:运筹帷幄

　　C.教学:紧张有序　　　　　　　　　D.家庭:相亲相爱

　　(5)指鹿为马:颠倒黑白

　　A.不以为然:不屑一顾　　　　　　　B.目无全牛:鼠目寸光

　　C.师心自用:固执己见　　　　　　　D.不孚众望:众望所归

　　例 4.20　根据题目选出符合条件的选项。

　　(1)酒精本身没有明显的致癌能力。但是许多流行病学调查发现,喝酒与多种癌症的发生风险正相关——也就是说,喝酒的人群中,多种癌症的发病率升高了。

　　以下哪项如果为真,最能支持上述发现?

　　A.酒精在体内的代谢产物乙醛可以稳定地附着在 DNA 分子上,导致癌变或者突变

　　B.东欧地区的人广泛食用甜烈性酒,该地区的食管癌发病率很高

　　C.烟草中含有多种致癌成分,其在人体内代谢物与酒精在人体内代谢物相似

　　D.有科学家估计,如果美国人都戒掉烟酒,那么80%的消化道癌可以避免

　　(2)一个没有普通话一级甲等证书的人不可能成为一个主持人,因为主持人不能发音不标准。

上述论证还需基于以下哪一前提?

A.没有一级甲等证书的人都会发音不标准

B.发音不标准的主持人可能没有一级甲等证书

C.一个发音不标准的人有可能获得一级甲等证书

D.一个发音不标准的主持人不可能成为一个受人欢迎的主持人

例 4.21 下面题干部分给出了一种概念,通过概念的因果关系判断选项。

(1)择一的因果关系是指两个或者两个以上的行为人都实施了可能对他人造成损害的危险行为,并且已经造成了损害结果,但是无法确定其中谁是加害人。

根据上述定义,下列存在择一的因果关系的是:

A.甲在乙的饮水中下毒,乙喝下后在毒发前又因琐事与丙发生争吵,丙一怒之下用刀刺死了乙

B.甲、乙共同绑架了丙,甲负责向丙的家人索要赎金,乙为避免被丙认出,将丙残忍杀害

C.甲、乙两人在搬卸货物的过程中因操作不当,造成货物损坏

D.甲、乙、丙 3 人带着相同的猎枪和子弹外出狩猎,甲、乙看到一只猎物出现在丙附近,二人同时开枪,结果其中一枪打中了丙

(2)不规则需求是指某些物品或者服务的市场需求在不同季节,或一周不同日子,甚至一天不同时间上下波动很大的一种需求状况。

根据上述定义,下列哪项属于不规则需求?

A.早晚高峰期出租车供不应求

B.某品牌牙刷分为软、硬、中 3 种以面向不同消费者

C.某电商店庆打折,活动当天点击量剧增

D.某博物馆引进一批梵高画作巡展,游客蜂拥而至

例 4.22 找规律。

(1)从所给 4 个选项中,选择最合适的一个填入问号处,使之呈现一定的规律性。

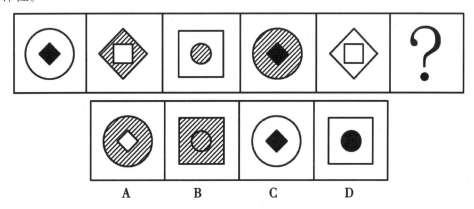

(2)从所给 4 个选项中,选择最合适的一个填入问号处,使之呈现一定的规律性。

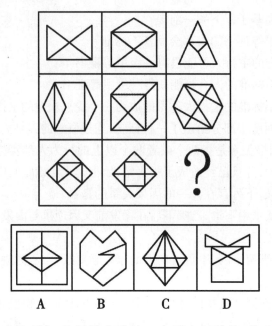

（3）从所给 4 个选项中，选择最合适的一个填入问号处，使之符合所给的题干所示。

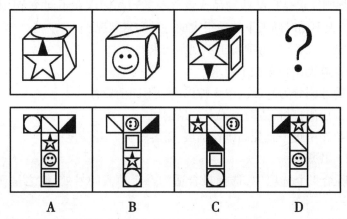

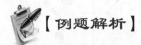【例题解析】

例 4.5 分析题目中给出的已知限定条件，拿破仑自己以及军中的所有人都不知道路线，仿佛是没有什么条件可以用了，但有一个隐藏条件就是拿破仑知道自己是从哪个方向过来的，这就不难摆出正确的方向了。

例 4.6 这是一个利益最大化的问题。对于甲的话，只有 60% 是正确的，有 40% 是错误的，而乙只有 20% 是正确的，有 80% 是错误的，对于乙的话来讲，只需要将他说的都反过来信，那么乙就有 80% 是正确的，20% 是错误的了。

例 4.7 A 将手中的枪扔到与 B 直线距离中间再往 B 靠近一点的地方，如图 4.

9箭头所指的地方,这时B和C都不会开枪打A,因为A已经不是威胁了,B和C手里都只有一发子弹,两者都不会浪费掉而给对方机会,对于B和C来说,他们只要开枪打死对方,然后去抢A的枪再把A打死就行了,但是因为A丢的位置更靠近B,C一定会着急开枪打死B然后去抢A的枪,但是C距离枪的位置并没有A近,所以A获胜。

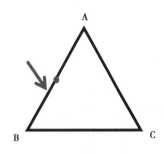

图4.9　手枪位置

例4.8　该题解题思路有两点,一是,天平秤有两端,左右平衡之后可以用中间的游标左右移动来确认一边比另一边多多少;二是,怎么区分开10个箱子。因为天平秤左右两边都可以放东西,因此我们将10箱笔分为两组,一边10箱,分别对左右两边编号1、2、3、4、5,为了进一步区分左边或者右边的5个箱子,我们从左边1号箱子拿1只笔,2号箱子拿2只笔……以此类推,右边也用相同的方法取笔,因为每只铱金笔比不锈钢笔重10克。所以,如果左边比右边少10克,则左边1号箱子是不锈钢;少20克,则是左边2号箱;少30克,则是左边3号箱……以此类推。反过来一样,如果右边比左边少10克,则右边1号箱是不锈钢……以此类推。

例4.19　(1)题干词语的逻辑关系为"水是森林存在的必要条件,森林是产生煤炭的必要条件。"所以,A选项:氮是组成蛋白质的元素之一,没有氮,蛋白质就不存在,氮是蛋白质存在的必要条件,没有蛋白质就没有动物和人类,也不可能存在智力,蛋白质是智力存在的必要条件,符合题干逻辑关系。B选项:闪电并不是雨产生的必要条件,是打雷的必要条件,不符合题干逻辑关系,排除。C选项:瑞雪预示着丰年,但雪不是丰年的必要条件,丰年会让人喜悦,但也不是必要条件,不符合题干逻辑关系,排除。D选项:表扬可能会让人更有自信,自信与乐观是并列关系,不符合题干逻辑关系,排除。故正确答案为A。

(2)题干可以造句为"在雾霾环境下,出行需要戴口罩"。出行为动词,雾霾和口罩为名词。A项:沙发是家具,电视是家电,两者之间不存在对应关系,与题干逻辑关系不一致,排除。B项:在公路上超车并不需要看路标,路标是指路的一种工具,与题干逻辑关系不一致,排除。C项:在野外环境中,勘探需要用地图,与题干逻辑关系一致,选择。D项:游泳为动词,在词性上与题干就不符,排除。故正确答案为C。

(3)题干词语的逻辑关系为"麻雀属于动物,二者为种属关系,生物链指的是由动物、植物和微生物互相提供食物而形成的相互依存的链条关系。麻雀和动物都属于生物链的一部分。"再分析选项:A选项:豆浆与早餐之间为种属关系,但是早餐不是豆制品的组成部分,与题干逻辑不符,排除。B选项:开水不属于纸杯,不是种属关系,与题干逻辑不符,排除。C选项:发卡是首饰的一种,二者为种属关系,发卡和首饰都属于妆饰品,与题干逻辑关系一致,正确。D选项:钢笔和电脑都属于办公品,但是钢笔和电脑之间不是种属关系,与题干逻辑不符,排除。故正确答案为C。

(4)题干中,琳琅满目说的是商品本身。选项中,A选项,熙熙攘攘说的是商场里的人。B选项,运筹帷幄说的是公司里的人。C选项,紧张有序说教学本身。D选项,相亲相爱也是说家庭中的人之间的亲爱。故正确答案为C。

(5)分析题干中的逻辑关系:"指鹿为马"意思是指着鹿,说是马,比喻故意颠倒黑白,混淆是非。"颠倒黑白"意思是把黑的说成白的,白的说成黑的,比喻歪曲事实,混淆是非,指鹿为马。二者为近义词。A选项:"不以为然"意思是不认为是对的,表示不同意或否定;"不屑一顾"意思是认为不值得一看,形容极端轻视。二者不是近义词,不符合题干逻辑关系,排除。B选项:"目无全牛"意思是眼中没有完整的牛,只有牛的筋骨结构,形容技艺已经到达非常纯熟的地步;"鼠目寸光"比喻目光短浅,缺乏远见。二者不是近义词,不符合题干逻辑关系,排除。C选项:"师心自用"形容自以为是;"固执己见",指不肯接受别人的正确意见,顽固地坚持自己的意见,不肯改变。二者为近义词,符合题干逻辑关系。D选项:"不孚众望"指不能使大家信服,未符合大家的期望;"众望所归"指某人得到大家的信赖,希望他担任某项工作或完成事情。二者不是近义词,不符合题干逻辑关系,排除。故正确答案为C。

例4.20 解析:(1)首先,找到题干论点论据。论点:喝酒与多种癌症发生风险正相关;无论据。A选项:说明了酒精在人体内的代谢产物是可以致癌的,解释了题干中所说"酒精无致癌能力,但是饮酒的人患癌症的概率高",属于解释论点加强。B选项:以东欧的人和甜性烈酒作为例子,属于举例加强,加强力度比解释论点加强要弱。并且A选项说的是酒精和人体,是普遍性的,B选项说的是东欧的人,以及甜性烈酒,都属于个例,根据整体加强力度大于局部加强力度的原则,也可排除B项。C选项:烟草能够致癌,其在人体内代谢物与酒精的代谢物相似,属于类比加强。但是类比只是一种可能性加强,要想证明酒精的代谢物能致癌,还是要进一步分析酒精与烟草致癌机理是否一致,其实还是需要类似A项那样的解释,故不如A项明确,排除。D选项:如果戒掉烟酒,可避免消化道癌,但不清楚到底是烟致癌还是酒致癌,还是两者在一起能致癌,所以属于不明确选项,排除。故正确答案为A。

(2)首先找到题干论点论据。

论点:没有一级甲等证书的人不能成为主持人,即:没有一级甲等证书→不是主持人①。

论据:主持人不能发音不标准,即:主持人→发音标准②。

要想加强,最强的一定是搭桥。命题①的等价命题为:主持人→有一级甲等证书,再加一个条件,可以推出命题②,那么只需要补充:发音标准→有一级甲等证书即可。

A项:没有一级甲等证书→发音不标准,其等价命题为:发音标准→有一级甲等证书,最强搭桥项,当选。B项:发音不标准的可能没有证书,既是可能性的表述,同时也不符合我们需要的条件逻辑,排除。C项:发音不标准的可能获得证书,既是可能性的表述,同时也不符合我们需要的条件逻辑,排除。D项:说的是发音标准与受欢迎之间的关系,排除。故正确答案为A。

例4.21 解析:(1)首先,找到定义关键词。

关键词为"两个或两个以上的行为人","实施了可能对他人造成损害的行为","已经造成了损害结果","无法确定其中谁是加害人"。

A项:乙是在毒发前被丙用刀刺死,丙是确定的加害人,不符合定义。B项:将丙残忍杀害的是乙,乙是确定的加害人,不符合定义。C项:甲和乙共同搬卸货物造成损坏,货物不是人,题干说的是对他人造成伤害,不符合定义。D项:甲乙同时开枪,其中一枪打中了丙,无法确定是谁打中的,符合"已经造成了损害结果","无法确定其中谁是加害人"。故正确答案为D。

(2)首先找到定义关键词。

关键词为"某些物品或者服务的市场需求","不同季节,或一周不同日子,甚至一天不同时间","上下波动很大"。

A项:早晚高峰期出租车供不应求,即出租车服务的市场需求在一天的不同时间上下波动很大,符合定义。B项:只提到牙刷品牌对牙刷分类,并未提到消费者的反应如何,也不存在需求上下波动,不符合定义。C项:"店庆打折当天点击量剧增"说明这种打折服务的市场需求很大,并未体现出需求上下波动,不符合定义。D项:"博物馆引进梵高画作后游客蜂拥而至"说明人们对欣赏梵高画作的需求很大,并未体现出需求上下波动,不符合定义。故正确答案为A。

例4.22 解析:(1)前一幅图形内部的图形变为第二幅图形的外部图形,最后一幅的外部图形应该是正方形,排除AC选项。而内部图形的颜色分别是黑、白、灰、黑、白,颜色遍历,最后一幅应该是灰,排除D选项。故正确答案为B。

(2)考察图形的总点数,第一横行总点数为:5、6、7,第二横行总点数为:7、8、9,第三横行总点数为9、10、11,因此排除CD,而且所有图形内部都有三角形,排除B,选择A选项。

(3)观察题干和选项可知,五角星面是一个特殊的面,由第一个图形可以发现五角星黑色尖端部位所指向的面是"○"的面,选项A中五角星黑色尖端部位所指向的面是"\"面,排除;选项B中五角星黑色尖端部位所指向的面是"□"面,排除;选项D中五角星黑色尖端部位所指向的面是"空白面",排除。故正确答案为C。

第5章 问题求解之数据规划

5.1 数据库技术概述

数据库技术是计算机科学技术的一个重要分支。从 20 世纪 50 年代中期开始,计算机应用从科学研究部门扩展到企业管理及政府行政部门,人们对数据处理的要求也越来越高。1968 年,世界上诞生了第一个商品化的信息管理系统(Information Management System,IMS),从此,数据库技术得到了迅猛发展。在互联网日益被人们接受的今天,Internet 又使数据库技术的重要性得到了充分的放大。如今数据库已经成为信息管理、办公自动化、计算机辅助设计等应用的主要软件工具之一,帮助人们处理各种各样的信息数据。

5.1.1 什么是数据库技术

数据库技术是通过研究数据库的结构、存储、设计、管理以及应用的基本理论和实现方法,并利用这些理论来实现对数据库中的数据进行处理、分析和理解的技术。它是研究、管理和应用数据库的一门软件科学。

数据库技术研究和管理的对象是数据,所以数据库技术所涉及的具体内容主要包括:通过对数据的统一组织和管理,按照指定的结构建立相应的数据库和数据仓库;利用数据库管理系统和数据挖掘系统设计出能够实现对数据库中的数据进行添加、修改、删除、处理、分析、理解、报表和打印等多种功能的数据管理和数据挖掘应用系统;并利用应用管理系统最终实现对数据的处理、分析和理解。

数据库技术主要起着两方面的作用:

• 信息系统开发作用　利用数据库技术以及互联网技术,并结合具体的编程语言,可以开发一个信息系统,从而解决业务数据的输入和管理问题。在信息系统开发中,主要利用的是 RDBMS 的基本功能,即数据定义功能、数据操纵功能、数据查询功能以及数据控制功能。

• 数据分析与展示作用　利用关系型数据库管理系统的数据查询功能对数据库中的数据进行关联组合或逐级汇总分析,并以表格、图形或报表形式将分析结果进行展示,从而解决业务数据的综合利用问题。

5.1.2　数据库技术的发展

1.数据库技术的发展阶段

数据管理技术是对数据进行分类、组织、编码、输入、存储、检索、维护和输出的技术。数据管理技术的发展大致经过了以下 3 个阶段：人工管理阶段、文件系统阶段、数据库系统阶段。

（1）人工管理阶段

20 世纪 50 年代以前，计算机主要用于数值计算。从当时的硬件看，外存只有纸带、卡片、磁带，没有直接存取设备；从软件看（实际上，当时还未形成软件的整体概念），没有操作系统以及管理数据的软件；从数据看，数据量小，数据无结构，由用户直接管理，且数据间缺乏逻辑组织，数据依赖于特定的应用程序，缺乏独立性。

（2）文件系统阶段

20 世纪 50 年代后期到 60 年代中期，出现了磁鼓、磁盘等数据存储设备。新的数据处理系统迅速发展起来。这种数据处理系统是把计算机中的数据组织成相互独立的数据文件，系统可以按照文件的名称对其进行访问，对文件中的记录进行存取，并可以实现对文件的修改、插入和删除，这就是文件系统，文件系统实现了记录内的结构化，即给出了记录内各种数据间的关系。但是，文件从整体来看却是无结构的。其数据面向特定的应用程序，因此数据共享性、独立性差，且冗余度大，管理和维护的代价也很大。

（3）数据库系统阶段

20 世纪 60 年代后期，出现了数据库这样的数据管理技术。数据库的特点是数据不再只针对某一特定应用，而是面向全组织，具有整体的结构性，共享性高，冗余度小，具有一定的程序与数据间的独立性，并且实现了对数据进行统一的控制。

2.数据库技术的发展趋势

（1）下一代数据库技术的发展主流

针对关系数据库技术现有的局限性，理论界如今主要有三种观点：

①面向对象的数据库技术将成为下一代数据库技术发展的主流。部分学者认为现有的关系型数据库无法描述现实世界的实体，而面向对象的数据模型由于吸收了已经成熟的面向对象程序设计方法学的核心概念和基本思想，使得它符合人类认识世界的一般方法，更适合描述现实世界。甚至有人预言，数据库的未来将是面向对象的时代。

②面向对象的关系数据库技术。关系数据库几乎是当前数据库系统的标准，关系语言与常规语言一起几乎可完成任意的数据库操作，但其简洁的建模能力、有限的数据类型、程序设计中数据结构的制约等却成为关系型数据库发挥作用的瓶颈。面向对象方法起源于程序设计语言，它本身就是以现实世界的实体对象为基

本元素来描述复杂的客观世界,但功能不如数据库灵活。因此部分学者认为将面向对象的建模能力和关系数据库的功能进行有机结合而进行研究是数据库技术的一个发展方向。

③面向对象数据库技术。面向对象数据库的优点是能够表示复杂的数据模型,但由于没有统一的数据模式和形式化理论,因此缺少严格的数据逻辑基础。而演绎数据库虽有坚强的数学逻辑基础,但只能处理平面数据类型。因此,部分学者将两者结合,提出了一种新的数据库技术——演绎面向对象数据库,并指出这一技术有可能成为下一代数据库技术发展的主流。

(2)数据库技术发展的新方向

非结构化数据库是部分研究者针对关系数据库模型过于简单,不便表达复杂的嵌套需要以及支持数据类型有限等局限,从数据模型入手而提出的全面基于因特网应用的新型数据库理论。支持重复字段、子字段以及变长字段并实现了对变长数据和重复字段进行处理和数据项的变长存储管理,在处理连续信息(包括全文信息)和非结构信息(重复数据和变长数据)中有着传统关系型数据库所无法比拟的优势。但研究者认为此种数据库技术并不会完全取代如今流行的关系数据库,而是它们的有益的补充。

(3)数据库技术发展的又一趋势

有学者指出:数据库与学科技术的结合将会建立一系列新数据库,如分布式数据库、并行数据库、知识库、多媒体数据库等,这将是数据库技术重要的发展方向。其中,许多研究者都对多媒体数据库作为研究的重点,并认为多媒体技术和可视化技术引入多媒体数据库将是未来数据库技术发展的热点和难点。

未来数据库技术及市场发展的两大方向数据仓库电子商务。部分学者在对各个数据库厂商的发展方向和应用需求的不断扩展的现状进行分析的基础上,提出数据库技术及市场在向数据仓库和电子商务两个方向不断发展的观点。他们指出:从上一年开始,许多行业如电信、金融、税务等逐步认识到数据仓库技术对于企业宏观发展所带来的巨大经济效益,纷纷建立起数据仓库系统。在中国提供大型数据仓库解决方案的厂商主要有 Oracle、IBM、Sybase、CA 及 Informix 等厂商,已经建设成功并已收回投资的项目主要有招商银行系统和国信证券系统等。当前,国内外学者对数据仓库的研究正在继续深入。与此同时,一些学者将数据库技术及市场发展的视角瞄准电子商务领域,他们认为:如今的信息系统逐渐要求按照以客户为中心的方式建立应用框架,因此势必要求数据库应用更加广泛地接触客户,而 Internet 给了我们一个非常便捷的连接途径,通过 Internet 我们可以实现所谓的 One One Marketing 和 One One business,进而实现 E business。因此,电子商务将成为未来数据库技术发展的另一方向。

（4）面向专门应用领域的数据库技术

许多研究者从实践的角度对数据库技术进行研究，提出了适合应用领域的数据库技术如工程数据库、统计数据库、科学数据库、空间数据库、地理数据库等。这类数据库在原理上也没有多大的变化，但是它们却与一定的应用相结合，从而加强了系统对有关应用的支撑能力，尤其表如今数据模型、语言、查询方面。部分研究者认为，随着研究工作的继续深入和数据库技术在实践工作中的应用，数据库技术将会更多朝着专门应用领域发展。

5.2　数据库系统

数据库系统（Database Systems，DBS）是为适应数据处理的需要而发展起来的一种较为理想的数据处理的核心机构，由数据库及其管理软件组成的系统。计算机的高速处理能力和大容量存储器提供了实现数据管理自动化的条件。

数据库系统是一个实际可运行的存储、维护和应用系统提供数据的软件系统，是存储介质、处理对象和管理系统的集合体。如图 5.1 所示。

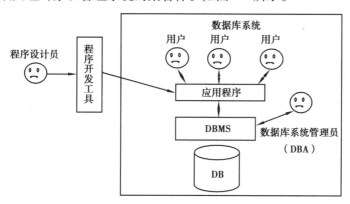

图 5.1　数据库系统

5.2.1　数据库系统的组成

数据库系统一般由数据库、硬件、软件、人员 4 部分组成。

- 数据库：长期存储在计算机内的，有组织、可共享的数据的集合。数据库中的数据按一定的数学模型组织、描述和存储，具有较小的冗余，较高的数据独立性和易扩展性，并可为各种用户共享。
- 硬件：构成计算机系统的各种物理设备，包括存储所需的外部设备。硬件的配置应满足整个数据库系统的需要。
- 软件：包括操作系统、数据库管理系统及应用程序。
- 人员：主要有 4 类。第一类为系统分析员和数据库设计人员：系统分析员负责应用系统的需求分析和规范说明,他们和用户及数据库管理员一起确定系统的硬件配置,并参与数据库系统的概要设计。数据库设计人员负责数据库中数据的确定、数据库各级模式的设计。第二类为应用程序员,负责编写使用数据库的应用程序。这些应用程序可对数据进行检索、建立、删除或修改。第三类为最终用户,他们利用系统的接口或查询语言访问数据库。第四类为数据库管理员,负责数据库的总体信息控制。其具体职责包括:维护数据库中的信息内容和结构,决定数据库的存储结构和存取策略,定义数据库的安全性要求和完整性约束条件,监控数据库的使用和运行,负责数据库的性能改进、数据库的重组和重构,以提高系统的性能。

5.2.2 数据库系统的相关概念

1.数据库

(1)数据库的定义

数据是描述客观事物及其活动的并存储在某一种媒体上能够识别的物理符号。信息是以数据的形式表示的,数据是信息的载体,分为临时性数据和永久性数据。

数据库是存储在计算机外存上的、有结构的、可共享的数据集合。数据库中的数据按照一定的数据模型描述,具有最小的冗余度(数据冗余是指数据的重复存放)、较高的数据独立性,并可以被不同的用户所共享。

数据库的基本结构分3个层次,反映了观察数据库的3种不同角度。

以内模式为框架所组成的数据库称为物理数据库;以概念模式为框架所组成的数据库称为概念数据库;以外模式为框架所组成的数据库称为用户数据库。

- 物理数据层

它是数据库的最内层,是物理存贮设备上实际存储的数据的集合。这些数据是原始数据,是用户加工的对象,由内部模式描述的指令操作处理的位串、字符和字组成。

- 概念数据层

它是数据库的中间一层,是数据库的整体逻辑表示。它指出了每个数据的逻辑定义及数据间的逻辑联系,是存贮记录的集合。它所涉及的是数据库所有对象的逻辑关系,而不是它们的物理情况,是数据库管理员概念下的数据库。

- 用户数据层

它是用户所看到和使用的数据库,表示了一个或一些特定用户使用的数据集合,即逻辑记录的集合。

数据库不同层次之间的联系是通过映射进行转换的。

(2)数据库的主要特点

- 实现数据共享:数据共享包含所有用户可同时存取数据库中的数据,也包括用户可以用各种方式通过接口使用数据库,并提供数据共享。

- 减少数据的冗余度:同文件系统相比,由于数据库实现了数据共享,从而避免了用户各自建立应用文件。减少了大量重复数据,减少了数据冗余,维护了数据的一致性。
- 数据的独立性:包括逻辑独立性(数据库的逻辑结构和应用程序相互独立)和物理独立性(数据物理结构的变化不影响数据的逻辑结构)。
- 数据实现集中控制:文件管理方式中,数据处于一种分散的状态,不同的用户或同一用户在不同处理中其文件之间毫无关系。利用数据库可对数据进行集中控制和管理,并通过数据模型表示各种数据的组织以及数据间的联系。
- 一致性和可维护性:主要包括:①安全性控制:以防止数据丢失、错误更新和越权使用;②完整性控制:保证数据的正确性、有效性和相容性;③并发控制:使在同一时间周期内,允许对数据实现多路存取,又能防止用户之间的不正常交互作用。
- 故障恢复:由数据库管理系统提供一套方法,可及时发现故障和修复故障,从而防止数据被破坏。数据库系统能尽快恢复数据库系统运行时出现的故障,可能是物理上或是逻辑上的错误。比如对系统的误操作造成的数据错误等。

2. 数据库管理系统

数据库管理系统(Database Management System,DBMS)是一种操纵和管理数据库的大型软件,用于建立、使用和维护数据库。它对数据库进行统一的管理和控制,以保证数据库的安全性和完整性。用户通过 DBMS 访问数据库中的数据,数据库管理员也通过 DBMS 进行数据库的维护工作。它可使多个应用程序和用户用不同的方法在同时或不同时刻去建立、修改和询问数据库。

其主要功能:

- 数据定义:DBMS 提供数据定义语言(Data Definition Language,DDL),供用户定义数据库的 3 级模式结构、两级映像以及完整性约束和保密限制等约束。DDL 主要用于建立、修改数据库的库结构。DDL 所描述的库结构仅仅给出了数据库的框架,数据库的框架信息被存放在数据字典中。
- 数据操作:DBMS 提供数据操作语言(Data Manipulation Language,DML),供用户实现对数据的追加、删除、更新、查询等操作。
- 数据库的运行管理:数据库的运行管理功能是 DBMS 的运行控制、管理功能,包括多用户环境下的并发控制、安全性检查和存取限制控制、完整性检查和执行、运行日志的组织管理、事务的管理和自动恢复,即保证事务的原子性。这些功能保证了数据库系统的正常运行。
- 数据组织、存储与管理:DBMS 要分类组织、存储和管理各种数据,包括数据字典、用户数据、存取路径等,需确定以何种文件结构和存取方式在存储级上组织这些数据,如何实现数据之间的联系。数据组织和存储的基本目标是提高存储空间利用率,选择合适的存取方法提高存取效率。

● 数据库的保护:数据库中的数据是信息社会的战略资源,所以数据的保护至关重要。DBMS 对数据库的保护通过 4 个方面来实现:数据库的恢复、数据库的并发控制、数据库的完整性控制、数据库安全性控制。DBMS 的其他保护功能还有系统缓冲区的管理以及数据存储的某些自适应调节机制等。

● 数据库的维护:这一部分包括数据库的数据载入、转换、转储、数据库的重组合重构以及性能监控等功能,这些功能分别由各个使用程序来完成。

● 通信:DBMS 具有与操作系统的联机处理、分时系统及远程作业输入的相关接口,负责处理数据的传送。对网络环境下的数据库系统,还应该包括 DBMS 与网络中其他软件系统的通信功能以及数据库之间的互操作功能。

5.2.3 数据模型

数据模型(Data Model)是数据特征的抽象,是数据库管理的教学形式框架。数据库系统中用以提供信息表示和操作手段的形式构架。数据模型包括数据库数据的结构部分、数据库数据的操作部分和数据库数据的约束条件。

1.数据模型的组成

数据模型所描述的内容包括 3 个部分:数据结构、数据操作、数据约束。

● 数据结构:数据模型中的数据结构主要描述数据的类型、内容、性质以及数据间的联系等。数据结构是数据模型的基础,数据操作和约束都基本建立在数据结构上。不同的数据结构具有不同的操作和约束。

● 数据操作:数据模型中数据操作主要描述在相应的数据结构上的操作类型和操作方式。数据操作用于描述系统的动态特征,包括数据的插入、修改、删除和查询等。数据模型必须定义这些操作的确切含义、操作符号、操作规则及实现操作的语言。

● 数据约束:数据模型中的数据约束主要描述数据结构内数据间的语法、词义联系、他们之间的制约和依存关系,以及数据动态变化的规则,以保证数据的正确、有效和相容。例如,限制一个表中学号不能重复,或者年龄的取值不能为负,都属于完整性规则。

2.数据模型的类型

数据模型按不同的应用层次分成 3 种类型:概念数据模型、逻辑数据模型、物理数据模型。

(1)概念数据模型

这是面向数据库用户的现实世界的数据模型,主要用来描述世界的概念化结构,它使数据库的设计人员在设计的初始阶段,摆脱计算机系统及数据库管理系统的具体技术问题,集中精力分析数据以及数据之间的联系等,与具体的数据库管理系统无关。概念数据模型必须换成逻辑数据模型,才能在数据库管理系统中实现。

概念模型用于信息世界的建模,一方面应该具有较强的语义表达能力,能够方便直接表达应用中的各种语义知识;另一方面它还应该简单、清晰、易于用户理解。

在概念数据模型中最常用的是 E-R 模型、扩充的 E-R 模型、面向对象模型及谓词模型。

E-R 模型的构成成分是实体集、属性和联系集,其表示方法如下:

a.实体集用矩形框表示,矩形框内写上实体名。

b.实体的属性用椭圆框表示,框内写上属性名,并用无向边与其实体集相连。

c.实体间的联系用菱形框表示,联系以适当的含义命名,名字写在菱形框中,用无向连线将参加联系的实体矩形框分别与菱形框相连,并在

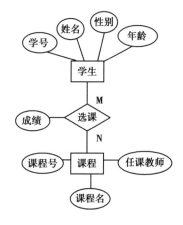

图 5.2　E-R 模型

连线上标明联系的类型,即 1—1、1—N 或 M—N。因此,E-R 模型也称为 E-R 图(图 5.2)。

(2)逻辑数据模型

这是用户在数据库中看到的数据模型,是具体的数据库管理系统所支持的数据模型,主要有网状数据模型、层次数据模型和关系数据模型三种类型。此模型既要面向用户,又要面向系统,主要用于数据库管理系统的实现。在数据库中用数据模型来抽象、表示和处理现实世界中的数据和信息,主要是研究数据的逻辑结构。

(3)物理数据模型

这是描述数据在存储介质上的组织结构的数据模型,它不但与具体的数据库管理系统有关,而且还与操作系统和硬件有关。每一种逻辑数据模型在实现时都有与其相对应的物理数据模型。数据库管理系统为了保证其独立性与可移植性,将大部分物理数据模型的实现工作交由系统自动完成,而设计者只设计索引、聚集等特殊结构。

3.数据模型的分类

数据库的类型是根据数据模型来划分的,而任何一个 DBMS 也是根据数据模型有针对性地设计出来的,这就意味着必须把数据库组织成符合 DBMS 规定的数据模型。目前成熟地应用在数据库系统中的数据模型有:层次模型、网状模型和关系模型。它们之间的根本区别在于数据之间联系的表示方式不同(即记录型之间的联系方式不同)。层次模型以"树结构"表示数据之间的联系。网状模型是以"图结构"来表示数据之间的联系。关系模型是用"二维表"(或称为关系)来表示数据之间的联系的。

(1)层次模型(Hierchical)

层次模型是数据库系统最早使用的一种模型,它的数据结构是一棵"有向树"。根结点在最上端,层次最高,子结点在下,逐层排列。层次模型的特征是:

- 有且仅有一个结点没有父结点,它就是根结点;
- 他结点有且仅有一个父结点。

图 5.3 所示为一个系教务管理层次数据模型,图(a)所示的是实体之间的联系,图(b)所示的是实体型之间的联系。

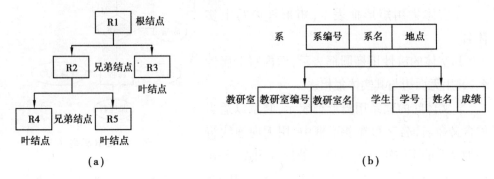

（a）   （b）

图 5.3 层次模型

最有影响的层次模型的数据库系统是 20 世纪 60 年代末,IBM 公司推出的 IMS 层次模型数据库系统。

（2）网状模型（Network）

网状模型以网状结构表示实体与实体之间的联系。网中的每一个结点代表一个记录类型,联系用链接指针来实现。网状模型可以表示多个从属关系的联系,也可以表示数据间的交叉关系,即数据间的横向关系与纵向关系,它是层次模型的扩展。网状模型可以方便地表示各种类型的联系,但结构复杂,实现的算法难以规范化。其特征是:

- 允许结点有多于一个父结点;
- 可以有一个以上的结点没有父结点。

图 5.4 所示为一个系教务管理网状数据模型。

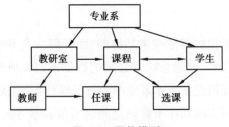

图 5.4 网状模型

（3）关系模型（Relation）

关系模型以二维表结构来表示实体与实体之间的联系,它是以关系数学理论为基础的。关系模型的数据结构是一个"二维表框架"组成的集合。每个二维表又可称为关系。在关系模型中,操作的对象和结果都是二维表。在关系模型中基本数据结构就是二维表,不用像层次或网状那样的链接指针。记录之间的联系是通过不同关系中同名属性来体现的。由此可见,关系模型中的各个关系模式不应当是孤立的,也不是随意拼凑的一堆二维表,它必须满足相应的要求(图 5.5)。

图 5.5　关系模型

下面简单介绍关系模型的的一些术语。

记录:表中的一行称为一条记录,记录也称为元组。

字段:表中的一列称为一个字段,也叫属性。字段包括有字段名、字段值和字段域,字段域是字段值的取值范围。

其特征:

- 描述的一致性,不仅用关系描述实体本身,而且也用关系描述实体之间的联系;

- 可直接表示多对多的联系;

- 关系必须是规范化的关系,即每个属性是不可分的数据项,不许表中有表;

- 关系模型是建立在数学概念基础上的,有较强的理论依据。

5.3　关系数据库

关系数据库,是建立在关系数据库模型基础上的数据库,借助于集合代数等概念和方法来处理数据库中的数据,同时也是一个被组织成一组拥有正式描述性的表格,该形式的表格作用的实质是装载着数据项的特殊收集体,这些表格中的数据能以许多不同的方式被存取或重新召集而不需要重新组织数据库表格。关系数据库的定义造成元数据的一张表格或造成表格、列、范围和约束的正式描述。每个表格(有时被称为一个关系)包含用列表示的一个或更多的数据种类。每行包含一个唯一的数据实体,这些数据是被列定义的种类。当创造一个关系数据库的时候,你能定义数据列的可能值的范围和可能应用于那个数据值的进一步约束。而 SQL语言是标准用户和应用程序到关系数据库的接口。其优势是容易扩充,且在最初的数据库创造之后,一个新的数据种类能被添加而不需要修改所有的现有应用软件。目前主流的关系数据库有 oracle、db2、sqlserver、sybase、mysql 等。

关系模型由关系数据结构、关系操作集合、关系完整性约束三部分组成。

（1）数据结构

- 单一的数据结构——关系

现实世界的实体以及实体间的各种联系均用关系来表示。

- 数据的逻辑结构——二维表

从用户角度，关系模型中数据的逻辑结构是一张二维表。

但是关系模型的这种简单的数据结构能够表达丰富的语义，描述出现实世界的实体以及实体间的各种关系。

（2）关系操作集合

- 查询：选择、投影、连接、除、并、交、差
- 数据更新：插入（insert）、删除（delete）、修改（update）

查询的表达能力是其中最主要的部分。集合操作方式特点：即操作的对象和结果都是集合。

（3）关系完整性约束

- 实体完整性：通常由关系系统自动支持。
- 参照完整性：早期系统不支持，目前大型系统能自动支持。
- 用户定义的完整性：反映应用领域需要遵循的约束条件，体现了具体领域中的语义约束。

5.3.1 关系数据库的有关概念

1.关系数据库

关系数据库是采用关系模型作为数据组织方式的数据库。在一个给定的应用领域中，所有实体及实体之间联系的集合构成一个关系数据库。关系数据库的型称为关系数据库模式，是对关系数据库的描述，若干域的定义，在这些域上定义的若干关系模式。关系数据库的值是这些关系模式在某一时刻对应的关系的集合，通常简称为关系数据库。关系数据库的特点在于它将每个具有相同属性的数据独立地存储在一个表中。对任一表而言，用户可以新增、删除和修改表中的数据，而不会影响表中的其他数据。关系数据库产品一问世，就以其简单清晰的概念，易懂易学的数据库语言，深受广大用户喜爱。

2.表

关系数据库的基本成分是一些存放数据的表（关系理论中称为"关系"）。数据库中的表从逻辑结构上看相当简单，它是由若干行和列简单交叉形成的，不能表中套表。它要求表中每个单元都只包含一个数据，可以是字符串、数字、货币值、逻辑值、时间等较为简单的数据。一般数据库中无法存储 c++语言中的结构类型、类对象。图像的存储也比较烦琐，很多数据库无法实现图像存储。

对于不同的数据库系统来说，数据库对应物理文件的映射是不同的。例如，在

dBASE、FoxPro、Paradox 数据库中,一个表就是一个文件,索引以及其他一些数据库元素也都存储在各自的文件中,这些文件通常位于同一个目录中。而在 Access 数据库中,所有的表以及其他成分都存储在一个文件中。

3.视图

为了方便地使用数据库,很多 DBMS 都提供对于视图(Access 中称为查询)结构的支持。视图是根据某种条件从一个或多个基表(实际存放数据的表)或其他视图中导出的表,数据库中只存放其定义,而数据仍存放在作为数据源的基表中。故当基表中数据有所变化时,视图中看到的数据也随之变化。

为什么要定义视图呢? 首先,用户在视图中看到的是按自身需求提取的数据,使用方便。其次,当用户有了新的需求时,只需定义相应的视图(增加外模式)而不必修改现有应用程序,这既扩展了应用范围,又提供了一定的逻辑独立性。另外,一般来说,用户看到的数据只是全部数据中的一部分,这也为系统提供了一定的安全保护。

4.记录

表中的一行称为一个记录。一个记录的内容是描述一类事物中的一个具体事物的一组数据,如一个雇员的编号、姓名、工资数目,一次商品交易过程中的订单编号、商品名称、客户名称、单价、数量等。一般地,一个记录由多个数据项(字段)构成,记录中的字段结构由表的标题(关系模式)决定。

记录的集合(元组集合)称为表的内容,表的行数称为表的基数。值得注意的是,表名以及表的标题是相对固定的,而表中记录的数量和多少则是经常变化的。

5.字段

表中的一列称为一个字段。每个字段表示表中所描述的对象的一个属性,如产品名称、单价、订购量等。每个字段都有相应的描述信息,如字段名、数据类型、数据宽度、数值型数据的小数位数等。由于每个字段都包含了数据类型相同的一批数据,因此,字段名相当于一种多值变量。字段是数据库操纵的最小单位。

表定义的过程就是指定每个字段的字段名、数据类型及宽度(占用的字节数)。表中每个字段都只接受所定义的数据类型。

5.3.2 关系数据库完整性

数据库完整性(Database Integrity)是指数据库中数据在逻辑上的一致性、正确性、有效性和相容性。数据库完整性由各种各样的完整性约束来保证,因此可以说数据库完整性设计就是数据库完整性约束的设计。数据库完整性约束可以通过 DBMS(数据库管理系统)或应用程序来实现,基于 DBMS 的完整性约束作为模式的一部分存入数据库中。

1.关系模型

关系完整性用于保证数据库中数据的正确性。系统在进行更新、插入或删除等操作时都要检查数据的完整性,核实其约束条件,即关系模型的完整性规则。在关系模型中有 4 类完整性约束:实体完整性、域完整性、参照完整性和用户定义的完整性,其中实体完整性和参照完整性约束条件,称为关系的两个不变性。

2.实体

关系数据库的完整性规则是数据库设计的重要内容。绝大部分关系型数据库管理系统 RDBMS 都可自动支持关系完整性规则,只要用户在定义(建立)表的结构时,注意选定主键、外键及其参照表,RDBMS 可自动实现其完整性约束条件。

(1)实体完整性(Entity Integrity)。实体完整性指表中行的完整性。主要用于保证操作的数据(记录)非空、唯一且不重复。即实体完整性要求每个关系(表)有且仅有一个主键,每一个主键值必须唯一,而且不允许为"空"(NULL)或重复。

(2)实体完整性规则要求。若属性 A 是基本关系 R 的主属性,则属性 A 不能取空值,即主属性不可为空值。其中的空值(NULL)不是 0,也不是空隔或空字符串,而是没有值。实际上,空值是指暂时"没有存放的值"、"不知道"或"无意义"的值。由于主键是实体数据(记录)的唯一标识,若主属性取空值,关系中就会存在不可标识(区分)的实体数据(记录),这与实体的定义矛盾,而对于非主属性可以取空值(NULL),因此,将此规则称为实体完整性规则。如学籍关系(表)中主属性"学号"(列)中不能有空值,否则无法操作调用学籍表中的数据(记录)。

3.域完整性

域完整性(Domain Integrity)是指数据库表中的列必须满足某种特定的数据类型或约束。其中约束又包括取值范围、精度等规定。表中的 CHECK、FOREIGN KEY 约束和 DEFAULT、NOT NULL 定义都属于域完整性的范畴。

4.参照完整性

参照完整性(Referential Integrity)属于表间规则。对于永久关系的相关表,在更新、插入或删除记录时,如果只改其一,就会影响数据的完整性。如删除父表的某记录后,子表的相应记录未删除,致使这些记录称为孤立记录。对于更新、插入或删除表间数据的完整性,统称为参照完整性。通常,在客观现实中的实体之间存在一定联系,在关系模型中实体及实体间的联系都是以关系进行描述,因此,操作时就可能存在着关系与关系间的关联和引用。

在关系数据库中,关系之间的联系是通过公共属性实现的。这个公共属性经常是一个表的主键,同时是另一个表的外键。参照完整性体现在两个方面:实现了表与表之间的联系,外键的取值必须是另一个表的主键的有效值,或是"空"值。

参照完整性规则(Referential Integrity)要求:若属性组 F 是关系模式 R1 的主键,同时 F 也是关系模式 R2 的外键,则在 R2 的关系中,F 的取值只允许两种可能:

空值或等于 R1 关系中某个主键值。

R1 称为"被参照关系"模式，R2 称为"参照关系"模式。

注意：在实际应用中，外键不一定与对应的主键同名。外键常用下划曲线标出。

5.用户定义完整性

用户定义完整性（User-defined Integrity）是对数据表中字段属性的约束，用户定义完整性规则（User-defined integrity）也称域完整性规则。包括字段的值域、字段的类型和字段的有效规则（如小数位数）等约束，是由确定关系结构时所定义的字段的属性决定的，如百分制成绩的取值范围在 0～100 等。

5.3.3 常见的数据库产品

1.Oracle 数据库

Oracle 数据库系统是美国 Oracle 公司（甲骨文）提供的以分布式数据库为核心的一组软件产品，是目前最流行的客户/服务器（CLIENT/SERVER）或 B/S 体系结构的数据库之一。比如 SilverStream 就是基于数据库的一种中间件。Oracle 数据库是目前世界上使用最为广泛的数据库管理系统，作为一个通用的数据库系统，它具有完整的数据管理功能；作为一个关系数据库，它是一个完备关系的产品；作为分布式数据库它实现了分布式处理功能。但它的所有知识，只要在一种机型上学习了 Oracle 知识，便能在各种类型的机器上使用它。

Oracle 数据库最新版本为 Oracle Database 12c。Oracle 数据库 12c 引入了一个新的多承租方架构，使用该架构可轻松部署和管理数据库云。此外，一些创新特性可最大限度地提高资源使用率和灵活性，如 Oracle Multitenant 可快速整合多个数据库，而 Automatic Data Optimization 和 Heat Map 能以更高的密度压缩数据和对数据分层。这些独一无二的技术进步再加上在可用性、安全性和大数据支持方面的主要增强，使得 Oracle 数据库 12c 成为私有云和公有云部署的理想平台。

特点：

（1）完整的数据管理功能：

①数据的大量性；

②数据保存的持久性；

③数据的共享性；

④数据的可靠性。

（2）完备关系的产品：

①信息准则——关系型 DBMS 的所有信息都应在逻辑上用一种方法，即表中的值显式地表示；

②保证访问的准则；

③视图更新准则——只要形成视图的表中的数据变化了,相应的视图中的数据同时变化;

④数据物理性和逻辑性独立准则。

(3)分布式处理功能:

Oracle 数据库自第 5 版起就提供了分布式处理能力,到第 7 版就有比较完善的分布式数据库功能了,一个 Oracle 分布式数据库由 Oraclerdbms、SQL ∗ Net、SQL ∗ CONNECT 和其他非 Oracle 的关系型产品构成。

(4)用 Oracle 实现数据仓库操作的优点:可用性强、可扩展性强、数据安全性强、稳定性强。

2.DB2

IBM DB2 是美国 IBM 公司开发的一套关系型数据库管理系统,它主要的运行环境为 UNIX(包括 IBM 自家的 AIX)、Linux、IBM i(旧称 OS/400)、z/OS,以及 Windows 服务器版本。

DB2 主要应用于大型应用系统,具有较好的可伸缩性,可支持从大型机到单用户环境,应用于所有常见的服务器操作系统平台下。DB2 提供了高层次的数据利用性、完整性、安全性、可恢复性,以及小规模到大规模应用程序的执行能力,具有与平台无关的基本功能和 SQL 命令。DB2 采用了数据分级技术,能够使大型机数据很方便地下载到 LAN 数据库服务器,使得客户机/服务器用户和基于 LAN 的应用程序可以访问大型机数据,并使数据库本地化及远程连接透明化。DB2 以拥有一个非常完备的查询优化器而著称,其外部连接改善了查询性能,并支持多任务并行查询。DB2 具有很好的网络支持能力,每个子系统可以连接十几万个分布式用户,可同时激活上千个活动线程,对大型分布式应用系统尤为适用。

特点表现在以下方面:

- 支持面向对象的编程;
- 支持多媒体应用程序;
- 高性能和高可伸缩性;
- 支持自主计算;
- 支持种类繁多的访问远程信息的方法。

3.SQL Server

SQL Server 是 Microsoft 公司推出的关系型数据库管理系统。其具有使用方便可伸缩性好与相关软件集成程度高等优点,可跨越从运行 Microsoft Windows 98 的膝上型电脑到运行 Microsoft Windows 2012 的大型多处理器的服务器等多种平台使用。

Microsoft SQL Server 是一个全面的数据库平台,使用集成的商业智能(BI)工具提供了企业级的数据管理。Microsoft SQL Server 数据库引擎为关系型数据和结构化数据提供了更安全可靠的存储功能,使用户可以构建和管理用于业务的高可用和高性能的数据应用程序。

4.Access 数据库

美国 Microsoft 公司于 1994 年推出的微机数据库管理系统。它具有界面友好、易学易用、开发简单、接口灵活等特点,是典型的新一代桌面数据库管理系统。其主要特点如下:

- 完善地管理各种数据库对象,具有强大的数据组织、用户管理、安全检查等功能。

- 强大的数据处理功能,在一个工作组级别的网络环境中,使用 Access 开发的多用户数据库管理系统具有传统的 XBASE(DBASE、FoxBASE 的统称)数据库系统所无法实现的客户服务器(Cient/Server)结构和相应的数据库安全机制,Access 具备了许多先进的大型数据库管理系统所具备的特征,如事务处理/出错回滚能力等。

- 可以方便地生成各种数据对象,利用存储的数据建立窗体和报表,可视性好。

- 作为 Office 套件的一部分,可以与 Office 集成,实现无缝连接。

- 能够利用 Web 检索和发布数据,实现与 Internet 的连接。

Access 主要适用于中小型应用系统,或作为客户机/服务器系统中的客户端数据库。

5.FoxPro 数据库

最初由美国 Fox 公司于 1988 年推出,1992 年 Fox 公司被 Microsoft 公司收购后,相继推出了 FoxPro 2.5、2.6 和 Visual FoxPro 等版本,其功能和性能有了较大的提高。FoxPro 2.5、2.6分为 DOS 和 Windows 两种版本,分别运行于 DOS 和 Windows 环境下。

FoxPro 在功能和性能上的改进,主要是引入了窗口、按钮、列表框和文本框等控件,进一步提高了系统的开发能力。其具有易于使用,强大的查询功能,对 SQL 的支持,面向对象的编程方式,方便的管理方式,可以与多个开发者一齐工作等特点。还兼具以下一些新特性:

- 快速创建数据库及应用程序的能力:Visual FoxPro 提供各种向导、生成器、设计器以及众多的可视化构件,用来帮助用户以无编程或少编程的方式,迅速创建数据库、建立数据库表之间的关系以及快速生成数据库应用程序。

- 支持面向对象编程:Visual FoxPro 允许用户使用对象模型来获得面向对象编程的所有特性,包括封装、继承和多态,在编程级上通过对 Xbase 编程语言进行面向对象的扩展,使得用户可以用"类"这种新类型来描述对象模型;在可视化的编程环境中用户可以直接使用种类较为齐全的,完全按面向对象标准进行封装的通用构件来快速地装配应用程序。

- 支持客户/服务器应用:虽然 Visual FoxPro 不是数据库服务器,但它提供数据升迁功能用来将 FoxPro 的数据格式转换成服务器上的 Server SQL 格式或者 Oracle 格式,并通过远程视图或 SQL 语句进行操纵。

6.MySQL

MySQL 是一个关系型数据库管理系统,由瑞典 MySQL AB 公司开发,目前属于 Oracle 旗下公司。在 WEB 应用方面 MySQL 是最好的 RDBMS(Relational Database Management System,关系数据库管理系统)应用软件之一。

由于其体积小、速度快、总体拥有成本低,尤其是开放源码这一特点,许多中小型网站为了降低网站总体拥有成本而选择了 MySQL 作为网站数据库。MySQL 是一个开放的、快速的、多线程的、多用户的关系型数据库管理系统。工作模式是基于客户机/服务器结构。目前它可以支持几乎所有的操作系统,包括:Windows 95、Windows 98 和 NT 以及 Unix 等。

MySQL 已经成为当前网络中使用最多的数据库之一,这一切都源于它的小巧易用、安全有效、开放式许可和多平台,更主要的是它与 PHP 的完美结合。

目前数据库产品很多,根据网络功能的强弱,大致分为两大类:桌面型数据库和网络数据库。

Access、Foxpro 等数据库管理系统创建的数据库称为桌面数据库,他们没有或只提供有限的网络应用功能。

SQL Server、Oracle、DB2 等数据库管理系统创建的数据库称为网络数据库,具有强大的网络功能。

【课后练习】

简答题

1.试述数据库、数据库系统、数据库管理系统的概念。

2.使用数据库系统有什么好处?

3.试述文件系统与数据库系统的区别和联系。

4.试述数据库系统的特点。

第6章 智能概述

6.1 关于智能

6.1.1 智能的定义

近年来,随着脑科学、神经心理学等研究的进展,人们对人脑的结构和功能有了初步认识,但对整个神经系统的内部结构和作用机制,特别是脑的功能原理还没有认识清楚,有待进一步的探索。因此,很难对智能给出确切的定义。

目前,根据对人脑已有的认识,结合智能的外在表现,从不同的角度、不同的侧面、用不同的方法对智能进行研究,提出了几种不同的观点,其中影响较大的观点有思维理论、知识阈值理论及进化理论等。

● 思维理论:认为智能的核心是思维,人的一切智能都来自大脑的思维活动,人类的一切知识都是人类思维的产物,因而通过对思维规律与方法的研究可望揭示智能的本质。

● 知识阈值理论:认为智能行为取决于知识的数量及其一般化的程度,一个系统之所以有智能是因为它具有可运用的知识。因此,知识阈值理论把智能定义为:智能就是在巨大的搜索空间中迅速找到一个满意解的能力。这一理论在人工智能的发展史中有着重要的影响,知识工程、专家系统等都是在这一理论的影响下发展起来的。

● 进化理论:认为人的本质能力是在动态环境中的行走能力、对外界事物的感知能力、维持生命和繁衍生息的能力。核心是用控制取代表示,从而取消概念,模型及显示表示的知识,否定抽象对智能及智能模型的必要性,强调分层结构对智能进化的可能性与必要性。

综上,可以认为智能是知识与智力的总和。其中知识是一切智能行为的基础,而智力是获取知识并运用知识求解问题的能力,是头脑中思维活动的具体体现。

一般认为,智能是指个体对客观事物进行合理分析,判断及有目的地行动和有效地处理周围环境事宜的综合能力。有人认为智能是多种才能的总和。Thursteme认为智能由语言理解、用词流畅、数、空间、联系性记忆、感知速度及一般思维 7 种因子组成。

人工智能领域的研究是从 1956 年正式开始的,这一年在达特茅斯大学召开的会议上正式使用了"人工智能"(Artificial Intelligence,AI)这个术语。

人工智能也称机器智能,它是计算机科学、控制论、信息论、神经生理学、心理学、语言学等多种学科互相渗透而发展起来的一门综合性学科。从计算机应用系统的角度出发,人工智能是研究如何制造智能机器或智能系统,来模拟人类智能活动的能力,以延伸人们智能的科学。如果仅从技术的角度来看,人工智能要解决的问题是如何使计算机表现智能化,使计算机能更灵活方效地为人类服务。只要计算机能够表现出与人类相似的智能行为,就算是达到了目的,而不在乎在这过程中计算机是依靠某种算法还是真正理解了。人工智能就是计算机科学中涉及研究、设计和应用智能机器的一个分支,人工智能的目标就是研究怎样用计算机来模仿和执行人脑的某些智力功能,并开发相关的技术产品,建立有关的理论。

6.1.2　智能的分类

1.基于脑功能模拟的领域划分

(1)机器感知

机器感知就是计算机直接"感觉"周围世界。具体来讲,就是计算机像人一样通过"感觉器官"直接从外界获取信息。如通过视觉器官获取图形、图像信息,通过听觉器官获取声音信息。所以,要使机器具有感知能力,就首先必须给机器配置各种感觉器官,如视觉器官、听觉器官、嗅觉器官等。于是,机器感知还可以再分为机器视觉、机器听觉等分支课题。要研究机器感知,首先要涉及图像、声音等信息的识别问题。为此,现在已发展了一门称为"模式识别"的专门学科。模式识别的主要目标就是用计算机来模拟人的各种识别能力,当前主要是对视觉能力和听觉能力的模拟,并且主要集中于图形识别和语音识别。图形识别主要是研究各种图形(如文字、符号、图形、图像和照片等)的分类。例如,识别各种印刷体和某些手写体文字,识别指纹、白血球和癌细胞等。这方面的技术已经进入实用阶段。语音识别主要是研究各种语音信号的分类。语音识别技术近年来发展很快,现已有商品化产品(如汉字语音录入系统)上市。

模式识别的过程:信号采集 ⇒ 数字化(离散化)⇒ 特征提取 ⇒ 模式识别 ⇒ 分类结果输出。

例:将摄像机、Micphone 或其他传感器接受的外界信息转变成电信号序列,计算机再进一步对这个电信号序列进行各种预处理,从中抽出有意义的特征,得到输入信号的模式,然后与机器中原有的各个标准模式进行比较,完成对输入信息的分类识别工作。

(2)机器联想

联想是人脑思维过程中最基本、使用最频繁的功能。例如,当听到一段乐曲,我们头脑中可能会立即浮现出几十年前的某一个场景,甚至一段往事,这就是联想。其特点是按内容组织记忆,当前,对机器联想功能的研究中就是利用这种按内容记忆原理,采用"联想存储"技术实现联想功能。

(3)机器推理

机器推理就是计算机推理,也称自动推理。它是人工智能的核心课题之一。因为,推理是人脑的一个基本功能和重要功能。事实上,几乎所有的人工智能领域都与推理有关。因此,要实现人工智能,就必须将推理的功能赋予机器,实现机器推理。

(4)机器学习

机器学习就是机器自己获取知识。具体来讲,机器学习主要有这几层意思:

①对人类已有知识的获取(这类似于人类的书本知识学习);

②对客观规律的发现(这类似于人类的科学发现);

③对自身行为的修正(这类似于人类的技能训练和对环境的适应)。

(5)机器理解

机器理解主要包括自然语言理解和图形理解等。自然语言理解就是计算机理解人类的自然语言,如汉语、英语等,并包括口头语言和文字语言两种形式,使机器翻译真正成为现实。

(6)机器行为

机器行为主要指机器人的行动规划。它是智能机器人的核心技术,规划功能的强弱反映了智能机器人智能水平的高低。因为,虽然感知能力可使机器人认识对象和环境,但解决问题,还要依靠规划功能拟定行动步骤和动作序列。

2.基于研究途径与实现技术的领域划分

(1)符号智能

符号智能就是以符号知识为基础,通过符号推理进行问题求解而实现的智能。这也就是所说的传统人工智能或经典人工智能。符号智能研究的主要内容包括知识工程和符号处理技术。知识工程涉及知识获取、知识表示、知识管理、知识运用以及知识库系统等一系列知识处理技术。

符号处理技术指基于符号的推理和学习技术,它主要研究经典逻辑和非经典逻辑理论以及相关的程序设计技术。

简而言之,符号智能就是基于人脑的心理模型,运用传统的程序设计方法实现的人工智能。

(2)计算智能

计算智能是以数据为基础,通过数值计算进行问题求解而实现的智能。

计算智能研究的主要内容包括人工神经网络、进化计算(包括遗传算法、遗传程序设计、进化规划、进化策略等)、模糊算法等。计算智能主要模拟自然智能系统,研究其数学模型和相关算法,并实现人工智能。计算智能是当前人工智能学科中一个十分活跃的分支领域。

3.基于应用领域的领域划分

(1)难题求解

这里的难题,主要指那些没有算法解,或虽有算法解但在现有机器上无法实施或无法完成的困难问题。

根据可计算理论,所谓难解问题有:

- NP(Nondeterministic Polynomial):即不能证明算法复杂性超越多项式界,又没有找到有效算法的问题。NPC(Nondeterministic Polynomial Complete)是 NP 问题中最困难的子类。
- 智能游戏:梵塔问题、农夫过河、8 数码(九宫图)、8 皇后、骑士巡游、魔方等。
- 应用问题:路径规划、运输调度、电力调度、地质分析、测量数据解释、天气预报、市场预测、股市分析、疾病诊断、故障诊断、军事指挥、机器人行动规划、机器博弈等。

(2)自动定理证明

自动定理证明就是机器定理证明,这也是人工智能的一个重要的研究领域,也是最早的研究领域之一。定理证明是最典型的逻辑推理问题之一,它在发展人工智能方法上起过重大作用。自动定理证明的方法主要有 4 类:

- 自然演绎法:它的基本思想是依据推理规则,从前提和公理中可以推出许多定理,如果待证的定理恰在其中,则定理得证。
- 判定法:即对一类问题找出统一的计算机上可实现的算法解。在这方面一个著名的成果是我国数学家吴文俊教授 1977 年提出的初等几何定理证明方法。
- 定理证明器:它研究一切可判定问题的证明方法。
- 计算机辅助证明:它是以计算机为辅助工具,利用机器的高速度和大容量,帮助人完成手工证明中难以完成的大量计算、推理和穷举。

(3)自动程序设计

自动程序设计就是让程序代码自动生成。具体来讲,就是人只要给出关于某程序要求的非常高级的描述,计算机就会自动生成一个能完成这个要求目标的具体程序。这相当于给机器配置了一个"超级编译系统",它能够对高级描述进行处理,通过规划过程,生成所需的程序。但这只是自动程序设计的主要内容,它实际是程序的自动综合。自动程序设计还包括程序自动验证,即自动证明所设计程序的正确性。

(4)自动翻译

自动翻译即机器翻译,就是完全用计算机作为两种语言之间的翻译。机器翻译由来已久。早在电子计算机问世不久,就有人提出了机器翻译的设想,随后就开始了这方面的研究。当时人们总以为只要用一部双向词典及一些语法知识就可以实现两种语言文字间的机器互译,结果遇到了挫折。

（5）智能控制

智能控制就是把人工智能技术引入控制领域,建立智能控制系统。自从美籍华裔科学家傅京孙 1965 年首先提出把人工智能的启发式推理规则用于学习控制系统以来,国内外众多的研究者投身于智能控制研究,并取得了一些成果。智能控制系统的智能可归纳为以下几方面:

• 先验智能:有关控制对象及干扰的先验知识,可以从一开始就考虑到控制系统的设计中。

• 反应性智能:在实时监控、辨识及诊断的基础上,对系统及环境变化的正确反应能力。

• 优化智能:包括对系统性能的先验性优化及反应性优化。

• 组织与协调智能:表现为对并行耦合任务或子系统之间的有效管理与协调。

（6）智能决策与智能管理

智能决策就是把人工智能技术引入决策过程,建立智能决策支持系统。智能决策支持系统是在 20 世纪 80 年代初提出来的。它是决策支持系统与人工智能,特别是专家系统相结合的产物。

一般来说,智能部件中可以包含如下知识:

①建立决策模型和评价模型的知识。

②如何形成候选方案的知识。

③建立评价标准的知识。

④如何修正候选方案,从而得到更好候选方案的知识。

⑤完善数据库,改进对它的操作及维护的知识。

把人工智能技术引入管理领域,建立智能管理系统是现代管理科学技术发展的新动向。智能管理是人工智能与管理科学、系统工程、计算机技术及通信技术等多学科、多技术互相结合、互相渗透而产生的一门新技术、新学科。它研究如何提高计算机管理系统的智能水平,以及智能管理系统的设计理论、方法与实现技术。

（7）智能仿真

智能仿真就是将人工智能技术引入仿真领域,建立智能仿真系统。我们知道,仿真是对动态模型的实验,即行为产生器在规定的实验条件下驱动模型,从而产生模型行为。

（8）智能通信

智能通信就是把人工智能技术引入通信领域,建立智能通信系统。智能通信就是在通信系统的各个层次和环节上实现智能化。例如,在通信网的构建、网管与网控、转接、信息传输与转换等环节,都可实现智能化。这样,网络就可运行在最佳状态,使"呆板"的网变成"活化"的网,使其具有自适应、自组织、自学习、自修复等功能。

(9)智能 CAD

智能 CAD(简称 ICAD)就是把人工智能技术引入计算机辅助设计领域,建立智能 CAD 系统。事实上,AI 几乎可以应用到 CAD 技术的各个方面。从目前发展的趋势来看,至少有 4 个方面:设计自动化、智能交互、智能图形学、自动数据采集。

(10)智能 CAI

智能 CAI 就是把人工智能技术引入计算机辅助教学领域,建立智能 CAI 系统,即 ICAI。ICAI 的特点是能对学生因才施教地进行指导。为此,ICAI 应具备下列智能特征:

①自动生成各种问题与练习。

②根据学生的水平和学习情况自动选择与调整教学内容与进度。

③在理解教学内容的基础上自动解决问题生成解答。

4.基于应用系统的领域划分

(1)专家系统

所谓专家系统,就是基于人类专家知识的程序系统。专家系统的特点是拥有大量的专家知识(包括领域知识和经验知识),能模拟专家的思维方式,面对领域中复杂的实际问题,能作出专家水平级的决策,像专家一样解决实际问题。

(2)知识库系统

所谓知识库系统,从概念来讲,它可以泛指所有包含知识库的计算机系统(这是广义理解);也可以仅指拥有某一领域广泛知识以及常识的知识咨询系统(这是一种狭义理解)。按广义理解,专家系统、智能数据库系统等也都是知识库系统。这里我们对知识库系统按狭义理解。

(3)智能数据库系统

智能数据库系统就是给传统数据库系统中再加上智能成分。例如,演绎数据库、面向对象数据库、主动数据库等,都是智能数据库系统。

(4)智能机器人系统

智能机器人是这样一类机器人:它能认识工作环境、工作对象及其状态,能根据人给予的指令和"自身"认识外界的结果来独立地决定工作方法,实现任务目标,并能适应工作环境的变化。

5.基于计算机系统结构的领域划分

(1)智能操作系统

智能操作系统就是将人工智能技术引入计算机的操作系统之中,从质上提高操作系统的性能和效率。

智能操作系统的基本模型,将以智能机为基础,并能支撑外层的 AI 应用程序,以实现多用户的知识处理和并行推理。

(2)智能多媒体系统

多媒体技术是当前计算机最为热门的研究领域之一。多媒体计算机系统就是能综合处理文字、图形、图像和声音等多种媒体信息的计算机系统。智能多媒体就是将人工智能技术引入多媒体系统,使其功能和性能得到进一步发展和提高。事实上,多媒体技术与人工智能所研究的机器感知、机器理解等技术也不谋而合。

(3)智能计算机系统

智能计算机系统就是人们正在研制的新一代计算机系统。这种计算机系统从基本元件到体系结构,从处理对象到编程语言,从使用方法到应用范围,同当前的诺依曼型计算机相比,都有质的飞跃和提高,它将全面支持智能应用开发,且自身就具有智能。

(4)智能网络系统

智能网络系统就是将人工智能技术引入计算机网络系统。如在网络构建、网络管理与控制、信息检索与转换、人机接口等环节,运用 AI 的技术与成果。研究表明,AI 的专家系统、模糊技术和神经网络技术可用于网络的连接接纳控制、业务量管制、业务量预测、资源动态分配、业务流量控制、动态路由选择、动态缓冲资源调度等许多方面。

(5)分布式人工智能系统

传统人工智能以集中式人工智能为主,研究的是个体智能(个体的推理、学习、理解等智能行为)。

分布式人工智能(Distributed Artificial Intelligence,DAI)研究的则是群体智能,主要研究在逻辑上或物理上分散的智能个体或智能系统如何并行地、相互协作地实现大型复杂问题的求解。

6.基于实现工具与环境的领域划分

(1)智能软件工具

智能软件工具包括开发建造智能系统的程序语言和工具环境等,这方面现已有不少成果,如函数程序设计语言(LISP)、逻辑程序设计语言(PROLOG)、对象程序设计语言(Smalltalk、C++、Java)、框架表示语言(FRL)、产生式语言(OPS5)、神经网络设计语言(AXON)、智能体(Agent)程序设计语言等,以及各种专家系统工具、知识工程工具、知识库管理系统等。

(2)智能硬件平台

智能硬件平台指直接支持智能系统开发和运行的机器硬件,这方面现在也取得了不少成果,如 LISP 机、PROLOG 机、神经网络计算机、知识信息处理机、模糊推理计算机、面向对象计算机、智能计算机等，以及由这些计算机组成的网络系统，有的已研制成功，有的正在研制之中。

6.1.3　智能的观点

人工智能是研究、开发用于模拟、延伸和扩展人的智能的理论、方法、技术及应用系统的一门技术科学。人工智能对人的意识、思维的信息过程进行模拟，是一门极富挑战性的科学，虽然人工智能不是人的智能，但能像人那样的思考，也有可能超过人的智能，如 AlphaGo 是一款围棋人工智能程序，由谷歌旗下的 DeepMind 公司开发，在 2016 年多次战胜国际顶尖棋手，2016 年 7 月，AlphaGo 在世界围棋排行榜中位列第一名。

关于人工智能，存在弱人工智能观点（TOP-DOWN AI）和强人工智能（BOTTOM-UP AI）观点。弱人工智能观点认为不可能制造出能真正地推理和解决问题的智能机器，这些机器只不过看起来像是智能的，但是并不真正拥有智能，也不会有自主意识。强人工智能观点认为有可能制造出真正能推理和解决问题的智能机器，并且这些机器将被认为是有知觉的，有自我意识的。强人工智能可以有两类：类人的人工智能，即机器的思考和推理就像人的思维一样；非类人的人工智能，即机器产生了和人完全不一样的知觉和意识，使用和人完全不一样的推理方式。目前，主流的科学研究集中在弱人工智能上，已经取得一定的研究成果，前面的 AlphaGo 就属于弱人工智能范围。

6.2　人工智能的判定——图灵测试

图灵机被公认为现代计算机的原型，这台机器可以读入一系列的 0 和 1，这些数字代表了解决某一问题所需要的步骤，按这个步骤走下去，就可以解决某一特定的问题。这种观念在当时是具有革命性意义的，因为即使在 20 世纪 50 年代的时候，大部分的计算机还只能解决某一特定问题，不是通用的，而图灵机从理论上讲却是通用机。

1936 年，图灵向伦敦权威的数学杂志投了一篇论文，题为"论数字计算在决断难题中的应用"。在这篇开创性的论文中，图灵给"可计算性"下了一个严格的数学定义，并提出著名的"图灵机"（Turing Machine）的设想。"图灵机"不是一种具体的机器，而是一种思想模型，可制造一种十分简单但运算能力极强的计算装置，用来计算所有能想象得到的可计算函数。"图灵机"与"冯·诺伊曼机"齐名，被永远载入计算机的发展史中。1950 年 10 月，图灵又发表了另一篇题为"机器能思考吗"的论文，成为划时代之作。也正是这篇文章，为图灵赢得了"人工智能之父"的桂冠。

在图灵看来,这台机器只用保留一些最简单的指令,一个复杂的工作只用把它分解为这几个最简单的操作就可以实现了,在当时他能够具有这样的思想确实是很了不起的。

6.2.1 图灵机原理简介

图灵的基本思想是用机器来模拟人们用纸笔进行数学运算的过程,他把这样的过程看作下列两种简单的动作:

- 在纸上写上或擦除某个符号;
- 把注意力从纸的一个位置移动到另一个位置。

而在每个阶段,人要决定下一步的动作,依赖于当前所关注的纸上某个位置的符号和当前思维的状态。为了模拟人的这种运算过程,图灵构造出一台假想的机器,该机器由以下几个部分组成:

①一条无限长的纸带。纸带被划分为一个接一个的小格子,每个格子上包含一个来自有限字母表的符号,字母表中有一个特殊的符号表示空白。纸带上的格子从左到右依此被编号为 $0,1,2,\cdots$,纸带的右端可以无限伸展。

②一个读写头。该读写头可以在纸带上左右移动,它能读出当前所指的格子上的符号,并能改变当前格子上的符号。

③一个状态寄存器。它用来保存图灵机当前所处的状态。图灵机的所有可能状态的数目是有限的,并且有一个特殊的状态,称为停机状态。

④一套控制规则。它根据当前机器所处的状态以及当前读写头所指的格子上的符号来确定读写头下一步的动作,并改变状态寄存器的值,令机器进入一个新的状态。

这个机器的每一部分都是有限的,但它有一个潜在的无限长的纸带,因此这种机器只是一个理想的设备。图灵认为这样的一台机器就能模拟人类所能进行的任何计算过程。

下面我们用另一种思想来理解图灵机(注:以下内容来自百度文库):

小虫的比喻:我们不妨考虑这样一个问题。假设一个小虫在地上爬,那么我们应该怎样从小虫信息处理的角度来建立它的模型呢? 首先,我们需要对小虫所在的环境进行建模。我们不妨假设小虫所处的世界是一个无限长的纸带,这个纸带上被分成了若干小方格,而每个方格都只有黑白两种颜色。黑色表示该方格有食物,白色就表示没有。假设小虫仅具有一个感觉器官:眼睛,而且它的视力差得可怜,也就是说它仅仅能够感受到它所处的方格的颜色。因而这个方格所在的位置的黑色或者白色的信息就是小虫的输入信息。其次,小虫有输出动作,它可以在方格上前移或后移,还可以将方格涂写成黑色或者白色。最后,小虫还会有两种内部状态,即饥饿和吃饱。这样小虫的行动按照下面的程序进行:

程序：

输入	当前内部状态	输出	下时刻的内部状态
黑	饥饿	涂白	吃饱
黑	吃饱	后移	饥饿
白	饥饿	涂黑	饥饿
白	吃饱	前移	吃饱

如果当前处于饥饿状态，则有食物就吃掉，没有食物就"吐出食物"；如果当前处于吃饱的状态，则如果没有食物就前移，如果有就后退，并且转入饥饿状态。那么当小虫子读入黑白白黑白……这样的纸带的时候，会怎样行动呢？小虫用圆圈表示，它从最左边开始移动，黑色表示饥饿状态，白色表示吃饱状态，箭头表示移动的方向，从上到下，小虫一步一步地根据纸带的颜色和它自己的内部状态查找规则表中的对应项而采取行动。例如，第 5 步读入方格是黑色，内部状态为吃饱，根据这两项输入信息查找规则表找到对应项是第二项，小虫应该后移，且内部状态变为饥饿。不难看到，到了第 8 步，情况跟第 4 步完全相同，输入都是白色纸带和饥饿状态，根据程序，小虫将重复 4~8 的动作，并一直持续下去……尽管从长期来看，小虫会落入机械的循环，然而当你输入给小虫白色信息的时候，它的反应可能完全不同（如第 4 步和第 6 步的行为）。所以，只要小虫子的内部状态和程序非常复杂，那么小虫的行为也会越来越超出你的想象！相信你已经明白了这个小虫模型，那么你就掌握了图灵机的工作原理，因为从本质上讲，这个小虫模型就是一台图灵机。

图灵机是一个会对输入信息进行变换后给出输出信息的系统。如前面说的小虫，纸带上的一个方格的颜色信息就是对小虫的输入，而小虫所采取的行动就是它的输出。不过这么看，你会发现，似乎小虫的输出太简单了。因为它仅仅就有那么几种简单的输出动作。然而，不要忘了，复杂性来源于组合！虽然每一次小虫的输出动作很简单，然而当把所有这些输出动作组合在一起，就有可能非常复杂！例如，我们可以把初始时刻的纸带看作是输入信息，那么经过任意长的时间，比如说 100 年后，小虫通过不断的涂抹纸带最后留下的信息就是输出信息了。那么小虫完成的过程就是一次计算。事实上，在图灵机的正规定义中，存在一个所谓的停机状态，当图灵机一到停机状态，我们就认为它计算完毕了，因而不用费劲地等上 100 年。

我们自然可以通过组合若干图灵机完成更复杂的计算，如果把一个图灵机对纸带信息变换的结果又输入给另一台图灵机，然后再输入给别的图灵机……这就是把计算进行了组合。也许你还在为前面说的无限多的内部状态、无限复杂的程序而苦恼，那么到现在，你不难明白，实际上我们并不需要写出无限复杂的程序列表，而仅仅将这些图灵机组合到一起就可以产生复杂的行为了。

6.2.2　图灵测试方法

图灵测试是图灵提出的一个关于机器人的著名判断原则,是一种测试机器是不是具备人类智能的方法。

问题的提出:如果说现在有一台计算机,其运算速度非常快,记忆容量和逻辑单元的数目也超过了人脑,而且还为这台计算机编写了许多智能化的程序,并提供了大量数据,使这台计算机能够做一些人性化的事情,如简单地听或说、回答某些问题等。那么,我们是否就能说这台机器具有思维能力了呢? 或者说,我们怎样才能判断一台机器是否具备了思维能力呢? 为了检验一台机器是否能合情理地被说成在思想,人工智能的始祖阿兰·图灵提出了一种称作图灵试验的方法。其原则是:被测试的有一个人,另一个是声称自己有人类智力的机器。测试时,测试人与被测试人是分开的,测试人只有通过一些装置(如键盘)向被测试人问一些问题(任意)。问过一些问题后,如果测试人能够正确地分出谁是人谁是机器,那机器就没有通过图灵测试,如果测试人没有分出谁是机器谁是人,那这个机器就是有人类智能的。

6.2.3　图灵机与冯·诺依曼计算机的贯通性思维

图灵机模型建立了指令、程序及通用机器执行程序的理论模型,奠定了计算理论的基础。所谓计算,就是计算者对一条两端可无限长的纸带上的一串 0 或 1,执行指令,一步一步地改变纸带上的 0 或 1,经过有限步骤,最后得到一个满足预先规定的符号串的变换过程。

图灵机其基本思想即存储程序的思想。将指令和数据以同等地位事先存于存储器中,可按地址寻访,机器可从存储器中读取指令和数据,实现连续和自动的执行。通过将存储和执行分别进行实现解决了计算速度快与输入、输出速度慢的匹配问题。

冯·诺依曼将计算机分解为五大部件:存储器(Memory)、运算器(Arithmetic Logic Unit,ALU)、控制器(Control Unit)、输入设备(Input)、输出设备(Output)。如图 6.1 所示五大部件各司其职,并有效连接,以实现整体功能。其中运算器负责执行逻辑运算和算术运算;控制器负责读取指令、分析指令并执行指令,以调度运算器进行计算;存储器负责存储数据和指令;输入设备负责将程序和指令输入计算机中;输出设备将计算机处理的结果显示或打印出来。

6.3　博弈树的启发式搜索

如下棋、打牌、竞技、战争等一类竞争性智能活动称为博弈。博弈有很多种,我们讨论最简单的"二人零和、全信息、非偶然"博弈,其特征如下:

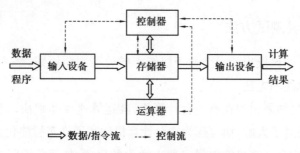

图 6.1 冯·诺依曼机的结构图

- 双人对弈：对垒的双方轮流走步。
- 零和：即对一方有利的棋，对另一方肯定是不利的，不存在对双方均有利或均无利的棋。对弈的结果是一方赢，而另一方输，或者双方和棋。
- 信息完备：对垒双方所得到的信息是一样的，不存在一方能看到，而另一方看不到的情况。

任何一方在采取行动前都要根据当前的实际情况，进行得失分析，选取对自己最为有利而对对方最为不利的对策，不存在掷骰子之类机遇性博弈的"碰运气"因素。即双方都是很理智地决定自己的行动。

所谓机遇性博弈，是指存在不可预测性的博弈，如掷币等。对机遇性博弈，由于不具备完备信息，因此我们不作讨论。

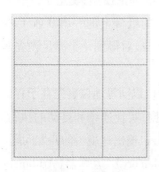

图 6.2 棋盘

这里我们主要讨论双人完备信息博弈问题。在双人完备信息博弈过程中，双方都希望自己能够获胜。因此，当任何一方走步时，都是选择对自己最为有利，而对另一方最为不利的行动方案。

本章节以一字棋游戏为例：该游戏包括两个选手，用户可以在一个 3×3 的棋盘上任意的选择空闲的位置摆放棋子，最早在水平方向上，或者垂直方向上或者对角线方向上形成三子一线者获胜。棋盘如图 6.2 所示。

6.3.1 博弈树概述

假设博弈的一方为 MAX，另一方为 MIN。在博弈过程的每一步，可供 MAX 和 MIN 选择的行动方案都可能有多种。从 MAX 方的观点看，可供自己选择的那些行动方案之间是"或"的关系，原因是主动权掌握在 MAX 手里，选择哪个方案完全是由自己决定的；而对那些可供 MIN 选择的行动方案之间则是"与"的关系，原因是主动权掌握在 MIN 的手里，任何一个方案都有可能被 MIN 选中，MAX 必须防止那种对自己最为不利的情况发生。

若把双人完备信息博弈过程用图表示出来,就可得到一棵与/或树,这种与/或树被称为博弈树。在博弈树中,那些下一步该 MAX 走步的节点称为 MAX 节点,而下一步该 MIN 走步的节点称为 MIN 节点。博弈树具有如下特点:

①博弈的初始状态是初始节点。

②博弈树中的"或"节点和"与"节点是逐层交替出现的。

③整个博弈过程始终站在某一方的立场上,所有能使自己一方获胜的终局都是本原问题,相应的节点是可解节点;所有使对方获胜的终局都是不可解节点。例如,站在 MAX 方,所有能使 MAX 方获胜的节点都是可解节点,所有能使 MIN 方获胜的节点都是不可解节点。

6.3.2 博弈问题模型化

只考虑两个游戏者:MAX 和 MIN,两个人轮流出招,直到游戏结束。

四元组:初始状态、操作集合、终止测试(非目标测试)、判定函数。

• 初始状态:包括棋局的局面和确定该哪个游戏者出招。

• 后继函数:返回(move,state)对的一个列表,其中每一对表示一个合法的着数和其结果状态。

• 终止测试:判断游戏是否结束,游戏结束的状态。

• 判定函数:又称为目标函数或者收益函数,对终止状态给出一个数值(如-1表示输,0 表示和局,1 表示赢)。

以一字棋游戏为例,如图 6.3 所示,最顶层节点即初始节点是博弈的初始格局。

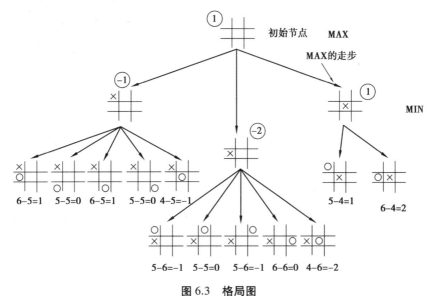

图 6.3 格局图

如果我们站在 MAX 方的立场上,则可供 MAX 方选择的若干行动方案之间是"或"关系,因为主动权操在 MAX 方手里,他或者选择这个行动方案,或者选择另一个行动方案,完全由 MAX 方自已决定。

当 MAX 方选取任一方案走了一步后,MIN 方也有若干个可供选择的行动方案,此时这些行动方案对 MAX 方来说它们之间则是"与"关系,因为这时主动权操在 MIN 方手里,这些可供选择的行动方案中的任何一个都可能被 MIN 方选中,MAX 方必须应付每一种情况的发生。

在博弈树中,"或"节点和"与"节点是逐层交替出现的。

图 6.3 中的数字在下一节极大极小法中介绍。

6.3.3 极大极小法

1.基本思想

极大极小法其基本思想是先假定存在一个评价函数可以对所有的棋局进行评估。其函数值的意义是:

①当评价函数值大于 0 时,表示棋局对我方有利,对对方不利。

②当评价函数小于 0 时,表示棋局对我方不利,对对方有利。

③而评价函数值越大,表示对我方越有利。当评价函数值等于正无穷大时,表示我方必胜。

④评价函数值越小,表示对我方越不利。当评价函数值等于负无穷大时,表示对方必胜。

因此,在只看一步棋的情况下,我方一定走评价函数值最大的一步棋,而对方一定走评价函数值最小的一步棋。而往往不会只看一步,需要试探多步。

极大极小搜索方法模拟的就是人的这样一种试探性思维过程。假定走了一步棋,看对方会有哪些应法;再根据对方的每一种应法,看我方是否有好的回应;这一过程一直进行下去,直到若干步后,找到一个满意的走法为止。

2.算法框架

可以将整个算法分为 4 个步骤:

①以当前状态为根节点产生一个博弈树。

②对博弈树的每一个叶节点,利用判定函数给出它的判定值。

③从叶节点开始,一层一层地回溯。在回溯过程中,利用最大/最小判定为每一个节点给出其判定值。

④MAX 方选择下一层中判定值最大的节点,作为它的下一状态。

3.举例

以图 6.4 为例:假设已定义一个静态估值函数 f,以其函数值作为对棋局的叶子节点做出优劣估值。

现在在节点 A,轮到 MAX 下棋,下面按极大极小法进行分析。

首先,按照一定的搜索深度生成出给定深度 d 以内的所有状态(三角形表示),

计算所有叶节点的评价函数值(最下面一层的数字)。

其次,计算非叶子节点的估值,由倒推取值的方法取得:

- 对于 MAX 走步必然选择对自己最有利的一步,如 A 节点的估计值是 3。
- MIN 走步必然选择对自己最有利的一步,如 D 节点的估计值是 2。
- 获得根节点取值的那一分枝,即为所选择的最佳走步。

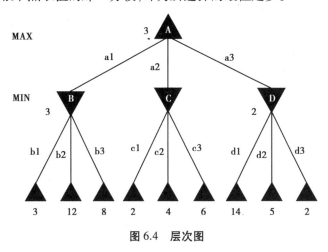

图 6.4　层次图

4.α-β 剪枝

(1)基本思想

在极小极大搜索方法中,由于要先生成指定深度以内的所有节点,其节点数将随着搜索深度的增加呈指数增长。这极大地限制了极小极大搜索方法的实际使用。

考虑在生成博弈树同时计算评估各节点的倒推值,并且根据评估出的倒推值范围,及时停止扩展那些已无必要再扩展的子节点,即相当于剪去了博弈树上的一些分枝,从而节约了机器开销,提高了搜索效率。这就是 α-β 剪枝的基本思想。

α=到目前为止我们在路径上的任意选择点发现 MAX 的最佳(即极大值)选择

β=到目前为止我们在路径上的任意选择点发现 MIN 的最佳(即极小值)选择

(2)算法框架

对于一个与节点 MIN,若能估计出其倒推值的上确界 β,并且这个 β 值不大于 MIN 的父节点(一定是或节点)的估计倒推值的下确界 α,即 α≥β,则就不必再扩展该 MIN 节点的其余子节点了(因为这些节点的估值对 MIN 父节点的倒推值已无任何影响),这一过程称为 α 剪枝。

对于一个或节点 MAX,若能估计出其倒推值的下确界 α,并且这个 α 值不小于 MAX 的父节点(一定是与节点)的估计倒推值的上确界 β,即 α≥β,则就不必再扩展该 MAX 节点的其余子节点了(因为这些节点的估值对 MAX 父节点的倒推值已无任何影响),这一过程称为 β 剪枝。

（3）算法特点

MAX 节点（包括起始节点）的 α 值永不减少；

MIN 节点（包括起始节点）的 β 值永不增加。

（4）剪枝的方法

MAX 节点的 α 值为当前子节点的最大倒推值；

MIN 节点的 β 值为当前子节点的最小倒推值。

α-β 剪枝的规则如下：

①任何 MAX 节点 n 的 α 值大于或等于它先辈节点的 β 值，则 n 以下的分枝可停止搜索，并令节点 n 的倒推值为 α，这种剪枝称为 β 剪枝。

②任何 MIN 节点 n 的 β 值小于或等于它先辈节点的 α 值，则 n 以下的分枝可停止搜索，并令节点 n 的倒推值为 β，这种剪枝称为 α 剪枝。

6.4 遗传算法

达尔文自然选择学说认为，生物要生存下去，就必须进行生存斗争。生存斗争包括种内斗争、种间斗争以及生物跟无机环境之间的斗争 3 个方面。在生存斗争中，具有有利变异（Mutation）的个体容易存活下来，并且有更多的机会将有利变异传给后代；具有不利变异的个体就容易被淘汰，产生后代的机会也少得多。因此，凡是在生存斗争中获胜的个体都是对环境适应性比较强的。达尔文把这种在生存斗争中适者生存，不适者淘汰的过程称为自然选择。达尔文的自然选择学说表明，遗传和变异是决定生物进化的内在因素。遗传是指父代与子代之间，在性状上存在的相似现象。变异是指父代与子代之间，以及子代的个体之间，在性状上或多或少地存在差异的现象。在生物体内，遗传和变异的关系十分密切。一个生物体的遗传性状往往会发生变异，而变异的性状有的可以遗传。遗传能使生物的性状不断地传送给后代，因此保持了物种的特性，变异能够使生物的性状发生改变，从而适应新的环境而不断地向前发展。

生物的各项生命活动都有它的物质基础，生物的遗传与变异也是这样。根据现代细胞学和遗传学的研究得知，遗传物质的主要载体是染色体（Chromsome），染色体主要是由 DNA（脱氧核糖核酸）和蛋白质组成，其中 DNA 又是最主要的遗传物质。现代分子水平的遗传学研究又进一步证明，基因（Gene）是有遗传效应的片段，它储存着遗传信息，可以准确地复制，也能够发生突变，并可通过控制蛋白质的合成而控制生物的性状。生物体自身通过对基因的复制（Reproduction）和交叉（Crossover）（即基因分离、基因自由组合和基因连锁互换）的操作使其性状的遗传得到选择和控制。同时，通过基因重组、基因变异和染色体在结构和数目上的变异产生丰富多采的变异现象。需要指出的是，根据达尔文进化论，多种多样的生物之所以能够适应环境而得以生存进化,是和上述的遗传和变异生命现象分不开的。生物的遗传特性,使生物界的物种能够保持相对的稳定;生物的变异特性,使生物个体产生新的性状,以至于形成了新的物种,推动了生物的进化和发展。

由于生物在繁殖中可能发生基因交叉和变异,引起了生物性状的连续微弱改变,为外界环境的定向选择提供了物质条件和基础,使生物的进化成为可能。人们正是通过对环境的选择、基因的交叉和变异这一生物演化的迭代过程的模仿,从而提出了能够用于求解最优化问题的强鲁棒、自适应的遗传算法。

遗传算法(Genetic Algorithm,GA)起源于对生物系统进行的计算机模拟研究,是模拟生物在自然环境中的遗传和进化过程而形成的一种自适应优化概率搜索算法。它最早由美国 Michigan 大学的 Holland 教授提出,起源于20世纪60年代对自然和人工自适应系统的研究。20世纪70年代,Holland 教授的学生 De Jong 基于遗传算法在计算机上进行了大量的纯数值函数优化计算实验。最后在20世纪80年代由 Goldberg 进行归纳总结,形成了遗传算法的基本框架。

遗传算法是基于自然界的生物遗传进化机理而演化出的一种自适应优化算法。针对不同类型的问题,人们设计出了各种不同的编码方法和不同的进化算子,从而构成了不同类型的遗传进化机制,以适应解决各种不同的问题,Goldberg 对这些算法加以总结,归纳出这些不同的遗传算法之间的共同特点,即遗传和进化过程都是通过选择、交叉和变异的机理来完成对问题最优解的自适应搜索过程,由此提出了一种统一了所有遗传算法本质特征的最基本的遗传算法——基本遗传算法(Simple Genetic Algorithms,SGA)。在基本遗传算法中只使用选择算子、交叉算子和变异算子这3种基本的遗传算子,从而给其他各类遗传算法提供了基本的算法框架。

6.4.1　遗传算法概述

1.遗传算法的基本思想

我们以引用生物遗传学上的相关术语来描述遗传算法的基本思想。遗传算法根据待解问题的要求,从代表问题可能潜在解集的一个种群(Population)开始,而一个种群是由经过基因编码(Coding)的一定数目的个体(Individual)组成。每个个体实际上是带有特征的染色体(Chromosome)实体。染色体作为遗传物质的主要载体,其不同的基因组合决定了个体的性能表现,如黑头发的特征是由染色体中控制这一特征的某种基因组合决定的。因此遗传算法中最基础的工作就是实现染色体个体的性能表现,即实现个体的编码工作。由于仿照基因编码的工作很复杂,针对不同的问题编码都有所不同,在基本遗传算法中为了增强算法的适应性,我们往往简化编码工作,而采用二进制编码。

当完成编码工作,初代种群产生之后,则对种群按照"优胜劣汰,适者生存"的进化原理来逐代(Generation)进化,在每一代中,都是根据该代种群个体的适应度值(Fitness)的大小来挑选下一代个体群体,并借助于自然遗传学中的遗传算子(Genetic Operator)来进行组合交叉操作(Crossover)、变异操作(Mutation)和选择操作(Selection),从而产生出代表新的子代解集的种群。正是这个进化过程使得种群具备了生物界所特有的进化优化机制,使得种群能够像自然界那样让后代种群比父代种群具有更强的适应性,从而更加适应于所处环境。这样进化到最后一代种群中的最优个体经过解码操作(Decoding Operator),即为所求问题的近似最优解。

2.启发式算法和遗传算法

启发式算法是通过寻求一种能产生可行解的启发式规则,找到问题的一个最优解或近似最优解。该方法求解问题的效率较高,但是具有唯一性,不具有通用性,对每个所求问题必须找出其规则。但遗传算法采用的不是确定规则,而是强调利用概率转换规则来引导搜索过程。

6.4.2　遗传算法的基本结构

遗传算法借助生物遗传学的观点,通过对生物遗传和进化过程中的选择、交叉、变异机理的模仿,来完成对问题最优解的自适应搜索过程,以实现每个个体的适应性的提高。

遗传算法的流程图如图 6.5 所示,主要包括:染色体编码、产生初始群体、计算适应度、进化操作等几大部分,下面将分别进行介绍。

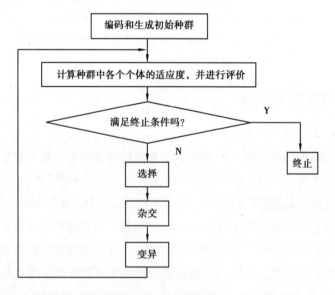

图 6.5　基本流程图

基本遗传算法是一个迭代过程,它模仿生物在自然环境中的遗传和进化机理,反复将选择算子、交叉算子、变异算子作用于群体,最终可得到问题的最优解或近似最优解。虽然算法的思想比较单纯,结构也比较简单,但它却也具有一定的实用价值,能够解决一些复杂系统的优化计算问题。

1.编码

遗传算法主要是通过遗传操作对群体中具有某种结构形式的个体施加结构重组处理,从而不断地搜索出群体中个体间的结构相似性,形成并优化积木块以逐渐逼近最优解。由此可见,遗传算法不能直接处理问题空间的参数,必须把参数转换成遗传空间的由基因按一定结构组成的染色体或个体。这一转换操作称为编码,也可以称为(问题的)表示(Representation)。

在遗传算法中如何描述问题的可行解,即把一个问题的可行解从其解空间转换到遗传算法所能处理的搜索空间的转换方法就称为编码。针对一个具体应用问题,如何设计一种完美的编码方案一直是遗传算法的应用难点之一,也是遗传算法的一个重要研究方向。对实际应用的问题,必须对编码方法、交叉运算方法、变异运算方法、译码方法等统一考虑,以寻求一种对问题的描述最为方便,遗传运算效率最高的编码方案。

(1)二进制编码(位串编码)

二进制编码方法是遗传算法中最常用的一种编码方法,它使得编码符号集是由二进制符号 0 和 1 所组成的二值符号集 $\{0,1\}$,它所构成的个体基因型是一个二进制编码符号串。

二进制编码方法有下述优点:

①编码、译码操作简单易行。

②交叉、变异等遗传操作便于实现。

③符合最小字符集编码原则。

④便于利用模式定理对算法进行理论分析。

(2)符号编码

符号编码是指组成个体编码串的码值无数值含义而仅有字符含义。当然,码值本身或者字母表中的各种码值可能以数字形式出现,但其代表的意义则只能是字。许多组合优化问题所采用的编码形式经常是符号编码。最常见的例子是城市旅行商(TSP)问题的编码。TSP 问题描述为:

一个商人从某一城市出发,要走遍区域中的所有 n 座城市,最终回到出发地,其中每座城市必须经过且只能经过一次。问题是按照何种路线走,整个旅行过程所经过的回路长度最短。如果给每座城市以唯一的符号标识,如英文大写字母表 $\{A,B,\cdots,Z\}$,则走过的路线可表示为 $AGIX\cdots L$(假设城市不超过 26 座),如果给定字母表 $\{c_1,c_2,\cdots,c_n\}$,则路线又可表示为 $C_1C_2\cdots C_n$,同理,若给定字母表 $\{1,2,\cdots,n\}$,则路线又可表示为 $481\cdots n$,这里,数字同样不代表数值,而代表字符。可见,不同的字母表可以产生出不同的符号编码。在某些应用问题中,编码甚至可以是矩阵等其他形式。

符号编码的优点在于便于利用专门问题已有的先验知识和信息,同时形式可以变化多样,因而可以处理各种非数值优化问题和组合优化问题,其不足之处在于针对性地设计遗传操作显得复杂一些。

以上简单介绍了位串编码,符号编码。除此之外,还有其他的编码方法,如多数联级编码、实数编码、多参数交叉编码。

2.初始群体的产生

(1)初始群体的设定

一般来讲,初始群体的设定可采取如下策略:

①根据问题固有知识,设法把握最优解所占空间在整个问题空间中的分布范围,然后,在此分布范围内设定初始群体。

②先随机生成一定数目的个体,然后从中挑出最好的个体加到初始群体中。这种过程不断迭代,直到初始群体中个体数达到了预先确定的规模。

(2)群体多样性

群体规模越大,群体中个体的多样性越高,算法陷入局部解的危险就越小,所以,从考虑群体多样性出发,群体规模应较大。但是,群体规模太大会带来计算量增加的弊病,从而影响算法效能。另外,群体规模太小,会使遗传算法的搜索空间中分布范围有限,因而搜索有可能停止在未成熟阶段,引起早熟(Premature Convergence)现象。显然,要避免早熟现象,必须保持群体的多样性,即群体规模不能太小。

3.适应度函数

遗传算法在进化搜索中基本上不用外部信息,仅用适应度函数为依据。遗传算法的目标函数不受连续可微的约束且定义域可以为任意集合。对适应度函数的唯一要求是,针对输入可计算出能加以比较的非负结果。这一特点使得遗传算法应用范围很广。在具体应用中,适应度函数的设计要结合求解问题本身的要求而定。适应度函数评估是选择操作的依据、适应度函数设计直接影响到遗传算法的性能。在选择操作时也可能会出现以下问题:

● 在遗传进货的初期,通常会产生一些超常的个体,若按照比例选择法,这些异常个体因竞争力太突出而控制了选择过程,影响算法的全局优化性能。

● 在遗传进化后期,即算法接近收敛时,由于种群中个体适应度差异较小时,继续优化的潜能降低,可能获得某个局部解。

上述问题我们通常称为遗传算法的骗问题。适应函数设计不当可能造成这种问题的出现。

(1)适应度函数设计方法

适应度函数设计主要满足以下条件:

- 单值、连续、非负、最大化:这个条件是很容易理解和实现的。

- 合理、一致性:要求适应度值反应解的优劣程度,这个条件的达成往往比较难以衡量。

- 计算量小:适应度函数设计应该尽可能简单,这样可以减少计算时间和空间上的复杂性,降低计算成本。

- 通用性强:适应度对某类具体问题,应尽可能通用,无需使用者改变适应度函数中的参数。这个条件应该不是属于强要求。

常见的适应度函数构造方法有:

①目标函数映射成适应函数。

在许多问题求解中,其目标是求取费用函数(代价函数)$g(x)$ 的最小值,而不是求效能函数或利润函数 $U(x)$ 的最大值。即使某一问题可自然地表示成求最大值形式,但也不能保证对于所有的 x,$U(x)$ 都取非负值。由于遗传算法中,适应度函数要比较排序并在此基础上计算选择概率,所以适应度函数的值要取正值。由此可见,在不少场合,将目标函数映射成求最大值形式且函数值非负的适应度函数是必要的。

在通常搜索方法下,为了把一个最小化问题转化为最大化问题,只需要简单地把费用函数乘以 -1 即可,但对遗传算法而言,这种方法还不足以保证在各种情况下的非负值。对此,可采用以下的方法进行转换:

$$f(x) = \begin{cases} C_{max} - g(x) & \text{当 } g(x) < C_{max} \\ 0 & \text{其他情况} \end{cases}$$

显然存在多种方式来选择系数 C_{max}。C_{max} 可以是一个合适的输入值,也可采用迄今为止进化过程中 $g(x)$ 的最大值或当前群体中 $g(x)$ 的最大值。当然 C_{max} 也可以是前 K 代中 $g(x)$ 的最大值。C_{max} 最好与群体无关。

当求解问题的目标函数采用利润函数形式时,为了保证其非负性,可用如下变换式:

$$f(x) = \begin{cases} U(x) + C_{min} & \text{当 } U(x) + C_{min} > 0 \\ 0 & \text{其他情况} \end{cases}$$

式中系数 C_{min} 可以是合适的输入值,或是当前一代或前 K 代中 $g(x)$ 的最小值,也可以是群体方差的函数。

②通过对知度的适当缩放调整(称为适应度定标 Fitness Scaling)来设计评价函数。例如,Goldberg 提出了一种线性适应度定标方案;Gen、liu 和 Ida 提出了一种基于指数适应度的评论函数,它介于基于序的评价函数和线性适应度定标方案之间。

(2)适应度函数的设计对遗传算法的影响

适应度函数影响遗传算法的迭代停止条件。

严格地讲,遗传算法的迭代停止条件目前尚无定论。当适应度函数的最大值已知或者准最优解适应度的下限可以确定时,一般以发现满足最大值或准最优解作为遗传算法迭代停止条件。但是,在许多组合优化问题中,适应度最大值并不清楚,其本身就是搜索的对象,因此适应度下限很难确定。所以,在许多应用事例中,若发现群体个体的进化已趋于稳定状态,换句话说,若发现占群体一定比例的个体已完全是同一个体,则终止算法迭代。

(3)适应度函数与问题约束条件

遗传算法由于仅靠适应度来评估和引导搜索,所以求解问题所固有的约束条件不能明确地表示出来。在实际应用中,许多问题都是带约束条件的,像货郎担问题就是一个典型的约束组合优化问题。用遗传算法求解此类问题需要考虑一些对策。

按理说,我们可以采用一种十分自然的方法来考虑约束条件,即在进化过程中,迭代一次就设法检测。新的个体是否违背了约束条件。如果没有违背,则作为有效个体,反之,作为无效个体除去。这种方法对于弱约束问题求解还是有效的,但对于强约束问题求解效果不佳。这是因为在这种场合,寻找一个有效个体的难度不亚于寻找最优个体。

作为对策,可采取一种惩罚方法(Penalty Method)。该方法的基本思想是设法对个体违背约束条件的情况给予惩罚,并将此惩罚体现在适应度函数设计中。这样,一个约束优化问题就转换为一个附带考虑代价(Cost)或惩罚(Penalty)的非约束优化问题.

6.4.3 基本遗传算子

遗传操作是模拟生物基因遗传的操作。在遗传算法中,通过编码组成初始群体后,遗传操作的任务就是对群体的个体按照它们对环境适应的程度(适应度评估)施加一定的操作,从而实现优胜劣汰的进化过程。从优化搜索的角度而言,遗传操作可使问题的解,一代又一代地优化,并逼近最优解。遗传算法的遗传操作包括以下3个基本遗传算子(Genetic Operator):选择(Selection)、交叉(Crossover)、变异(Mutation)。这3个遗传算子有如下特点:

①3个遗传算子的操作都是在随机扰动情况下进行的。换句话说,遗传操作是随机化操作,因此,群体中个体向最优解迁移的规则是随机的。需要再次强调的是,这种随机化操作和传统的随机搜索方法是有区别的。遗传操作进行的是高效有向的搜索而不是如一般随机搜索方法所进行的无向搜索。

②遗传操作的效果和上述3个遗传算子所取的操作概率、编码方法、群体大小、初始群体以及适应度函数的设定密切相关。

③3个基本遗传算子的操作方法或操作策略随具体求解问题的不同而异。更

具体地讲,是和个体的编码方式直接有关。

1.选择算子

选择又称为繁殖或复制(Reproduction),是一个从旧种群(Old Population)中选择生命力强的个体位串产生新种群的过程。这个操作是模仿自然选择现象,将达尔文的适者生存理论运用于位串的过程。

遗传算法中的选择算子(Selection Operator)就是用来确定如何从父代群体中按某种方法选取哪些个体遗传到下一代群体中的一种遗传算子。选择操作是建立在对个体的适应度进行评价的基础之上的,其主要目的是为了避免基因缺失,提高全局收敛性和计算效率,其作用是从当前代群体中选择出一些比较优良的个体,并将其复制到下一代群体中。

2.交叉算子

在生物的自然进化过程中,两个同源染色体通过交配而重组,形成新的染色体,从而产生出新的个体或物种。交配重组是生物遗传和进化过程中的一个主要环节,模仿这个环节,在遗传算法中也使用交叉算子来产生新的个体。

遗传算法中的所谓交叉运算,是指对两个相互配对的染色体按某种方式相互交换其部分基因,从而形成两个新的个体。交叉运算是遗传算法区别其他进化算法的重要特征,它在遗传算法中起着关键的作用,是产生新个体的主要方法。交叉算子的设计和实现与所研究的问题密切相关,一般要求它既不要太多地破坏个体编码串中表示优良性状的优良模式,又要能够有效地产生出一些较好的新个体模式。另外,交叉操作数的设计要和编码设计统一考虑。

遗传算法中,在交叉运算之前还必须先对群体中的个体进行配对。对于占主流地位的二值编码而言,各种交叉算子都包括两个基本内容:

①从由选择操作形成的配对库(Mating Pool)中,对个体随机配对并按预先设定的交叉概率来决定每对是否需要进行交叉操作。

②设定配对个体的交叉点(Cross Site),并对这些点前后的配对个体的部分结构(或基因)进行相互交换。

3.变异算子

在生物的遗传和自然进化过程中,其细胞分裂复制环节有可能会因为某些偶然因素的影响而产生一些复制差错,这样就会导致生物的某些基因发生某种变异,从而产生出新的染色体,表现出新的生物性状。虽然发生这种变异的可能性较小,但它也是产生新物种的一个不可忽视的原因。模仿生物遗传和进化过程中的这个环节,在遗传算法中也引入了变异算子来产生出新的个体。

遗传算法中的所谓变异算子,是指将个体染色体编码串中的某些基因座上的基因值用该基因座的其他等位基因来替换,从而形成一个新的个体。

一般来说,变异算子操作的基本步骤如下:

①在群体中所有个体的码串范围内随机地确定基因座。

②以事先设定的变异概率 p_m 来对这些基因座的基因值进行变异。

遗传算法导入变异的目的有两个：一是使遗传算法具有局部随机搜索能力；二是使遗传算法可维持群体多样性，以防止出现早熟现象。

（1）基本位变异

基本位变异（Simple Mutation）操作是指对个体编码串以变异概率 p_m 随机指定的某一位或几位基因座上的基因值作变异运算。

（2）均匀变异

均匀变异（Uniform Mutation）操作是指分别用符合某一范围均匀分布的随机数，以某一较小的概率来替换个体编码串中各个基因座上的原有基因值。

均匀变异的具体操作过程是：

①依次指定个体编码串中的每个基因座为变异点。

②对每一个变异点，以变异概率 p_m 从对应基因的取值范围内取一个随机数来替代原有基因值。

均匀变异操作特别适合应用于遗传算法的初期运行阶段，它使得搜索点可以在整个搜索空间内自由地移动，从而可以增加群体的多样性，使算法处理更多的模式。

（3）逆转变异

逆转算子（Inversion Operator）也称倒位算子，是指颠倒个体编码串中随机指定的两个基因座之间的基因排列顺序，从而形成一个新的染色体。逆转操作的目的主要是为了能够使遗传算法更有利于生成较好的模式。

（4）自适应变异算子

自适应变异算子（Adaptive Mutation Operator）与基本变异算子的操作内容类似，唯一不同的是交叉概率 p_m 不是固定不变而是随群体中个体的多样性程度而自适应调整。

在简单遗传算法中，变异就是某个字符串某一位的值偶然的（概率很小的）随机的改变。变异操作可以起到恢复位串字符多样性的作用，并能适当地提高遗传算法的搜索效率。当它有节制地和交叉一起使用时，它就是一种防止过度成熟而丢失重要概念的保险策略。

6.4.4 遗传算法的优缺点

（1）优点

遗传算法与传统的搜索方法相比较而言，具有以下优点：

①自组织、自适应和自学习性（智能性）。应用遗传算法求解问题时，在编码方案、适应度函数及遗传算子确定后，算法需要用进化过程中获得的信息自行组织

搜索。由于基于自然的选择策略为"适者生存,不适应者被淘汰",因而适应度大的个体具有较高的生存概率。通常,产生更适应环境的后代。遗传算法的这种自组织、自适应特征,使它同时具有能根据环境变化来自动发现环境的特性和规律的能力。自然选择消除了算法设计过程中的一个最大障碍,即需要事先描述问题的全部特点,并要说明针对问题的不同特点算法应采取的措施。因此,利用遗传算法的方法我们可以解决那些复杂的非结构问题。

②遗传算法的本质并行性。遗传算法按并行方式搜索一个种群数目的点,而不是单点。它的并行性表现在两个方面,一是遗传算法是内在并行的(Inherent Parallelism),即遗传算法本身非常适合大规模并行。最简单的并行方式是让几台甚至数千台计算机各自进行独立种群的演化计算,运行过程中甚至不进行任何通信(独产种群之间若有少量的通信一般会带来更好的结果),等到运算结束时才通信比较,选取最佳个体。这种并行处理方式对并行系统结构没有什么限制和要求。可以说,遗传算法适合在目前所有的并行机或分布系统上进行并行处理,而且对并行效率没有太大的影响。二是遗传算法的内含并行性(Inplicit Paralelism)。由于遗传算法采用种群的方式组织搜索,因而可以同时搜索空间内的多个区域,并相互交流信息。使用这种搜索方式,虽然每次只执行与种群规模 n 成比例的计算,但实质上已进行了大约 $0(n^3)$ 次有效搜索,这就使遗传算法能以较少的计算获得较大的收益。

③遗传算法的处理对象不是参数本身,而是对参数集进行了编码的个体。此编码操作使得遗传算法可直接对结构对象进行操作。

④许多传统搜索方法都是采用单点搜索算法,这种点对点的搜索方法对于多峰分布的搜索空间经常会陷入局部的某个单峰的局部最优解。而遗传算法采用的是同时对搜索空间的多个解进行评估。所以使得遗传算法具有较好的全局搜索能力。

⑤在标准的遗传算法中,基本上不需要其他的辅助信息,而仅用适应度函数值来评估个体,并在此基础上进行遗传操作。它尤其适用于处理传统优化算法难于解决的复杂和非线性问题。正是基于以上的几个优点,遗传算法在很多领域都有着广泛的应用。

遗传算法是对字符串进行操作,逐步实现进化遗传,可以解决许多复杂的问题。但是,由于遗传算法常用定长的字符串表达问题,限制了它的应用范围。

(2)缺点

遗传算法的主要缺点:

①不能描述层次化的问题。

②不能描述计算机程序。在人工智能领域中,计算机自动编程一直是个热门课题。遗传算法通过进化和遗传,只能改变字符串的形式,不能形成层次结构的计

算机程序。为此,需要改变问题的表达方法,以便实现计算机自动编程。

③缺乏动态可变性。遗传算法的定长字符串,不具备动态可变性。字符串长度一旦确定,就很难动态地表达状态或行为的变化,限制了问题的表述。由此可见,遗传算法这种字符串表达形式,限制了对问题的结构和大小的灵活处理。因此,迫使人们寻求新的表达方法。

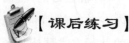【课后练习】

一、选择题

1.智能按照脑功能模拟的领域划分为(　　　)。

　　A.机器感知　　　　B.机器联想　　　　C.机器学习　　　　D.机器推理

2.智能按照研究途径与实现技术的领域划分为(　　　)。

　　A.符号智能　　　　B.计算智能　　　　C.感知智能　　　　D.联想智能

3.自动定理证明的方法主要包括(　　　)。

　　A.自然演绎法　　　B.判定法　　　　　C.定理证明器　　　D.计算机辅助证明

4.智能基于应用系统的领域划分为(　　　)。

　　A.专家系统　　　　B.知识库系统　　　C.智能数据库系统　D.智能机器人系统

5.下列哪些是博弈树具有的特点?(　　　)

　　A.博弈的初始状态是初始节点

　　B.博弈树中的"或"节点和"与"节点是逐层交替出现的

　　C.博弈树是二叉树

　　D.博弈树具有多个根节点

6.博弈问题模型化,包含(　　　)。

　　A.初始状态　　　　　　　　　　　B.操作集合

　　C.终止测试(非目标测试)　　　　D.判定函数

7.关于极大极小法说法正确的是(　　　)。

　　A.当评价函数值大于0时,表示棋局对我方有利,对对方不利

　　B.当评价函数小于0时,表示棋局对我方不利,对对方有利

　　C.评价函数值越大,表示对我方越有利。当评价函数值等于正无穷大时,表示我方必胜

　　D.评价函数值越小,表示对我方越不利。当评价函数值等于负无穷大时,表示对方必胜

8.下列哪些是遗传算法的编码方案?(　　　)

　　A.二进制编码　　　B.六十进制编码　　C.符号编码　　　　D.DNA编码

9.基本遗传算子包括(　　)。

　　A.选择　　　　　　　　B.交叉　　　　　　　C.变异　　　　　　　D.感染

10.常见的适应度函数构造方法有(　　)。

　　A.目标函数映射成适应度函数　　　　B.随机函数

　　C.通过对知度的适当缩放调整　　　　D.多次叠加随机函数

二、填空题

1.分布式人工智能研究的是_____,主要研究在逻辑上或物理上分散的智能个体或智能系统如何_____、_____地实现大型复杂问题的求解。

2._____被公认为现代计算机的原型。

3.冯·诺依曼将计算机分解为五大部件:_____、_____、_____、_____、_____。

4._____的基本思想是先假定存在一个评价函数可以对所有的棋局进行评估。

5._____的基本思想生成博弈树同时计算评估各节点的倒推值,并且根据评估出的倒推值范围,及时停止扩展那些已无必要再扩展的子节点,即相当于剪去了博弈树上的一些分枝,从而节约了机器开销,提高了搜索效率。

三、简答题

1.什么是智能?

2.什么是人工智能?

3.什么是自动程序设计?

4.描述极大极小法的主要步骤。

5.描述图灵机与冯·诺依曼计算机的贯通性思维。

第7章 网络文化与计算机职业道德教育

文化是人类社会历史实践过程中所创造的物质财富和精神财富的积淀,在当今社会,网络已无处不在,网络文化成为人类文化中的重要部分。而不同行业有自己的职业道德标准,在计算机的使用中,仍然存在着种种道德问题,所以各个计算机组织都制定了自己的道德规范。这些都是作为一名现代大学生需要了解的最基本常识。这一章,就来探讨这些与我们息息相关的内容。

7.1 网络文化

网络文化是指网络上的具有网络社会特征的文化活动及文化产品,是以网络物质的创造发展为基础的网络精神。

网络文化是一种只在互联网上流通,而较少为非网民所知的独有文化。由于网络于全世界流通,各地的自身文化在被"提上"网络予人认识之外,也同时在网上被同化、融合、产生,甚至衍生成现实世界的文化,有些网上文化又会因本身已经存在的同类演变出来,故此变化和传送的速度很快。现代人类文明在网络慢慢流行后续渐被影响,网络风气有时亦会在社会中产生巨大影响。

7.1.1 网络文化的概念

广义的网络文化是指网络时代的人类文化,它是人类传统文化、传统道德的延伸和多样化的展现。它是遍布全球的借助网络为媒介的,并以计算机技术、通信技术和信息管理技术等现代技术为融合手段,从事政治、经济、军事等活动在内的各种社会文化现象。

狭义的网络文化是指以计算机、互联网作为重要媒体所进行的教育宣传、信息交流等诸多现代层面的文化活动,主要以文字、声音、图像、视频等形态表现出来的精神文化成果。它包含人的心理状态、思维方式、知识结构、道德修养、价值观念、审美情趣和行为方式等方面。

7.1.2 网络文化的特征

网络传播依托高新技术,具有及时快速、渗透广泛、互动性强——甚至具有全球同步性、传播方式多样性、生产与消费并存等特点。

网络不仅具备强大的资料库功能和海量无限的信息,还成为信息的放大器,进而生成某种强势新闻舆论或形成"热点"。

网络文化具有虚拟文化与现实文化相互融合,以及开放性与平等性的特点。

网络文化的生成性使其不断催生新的网络流行语和新的文化现象,究其积极意义而言,它已成为新的文化生成、文化积累和文化价值增值的重要方式之一。

现在,网络文化以前所未有的速度在大学校园里传播,迅速融入到大学生的学习、生活之中,形成了独特的大学生网络文化现象。大学生网络文化是在网络虚拟环境和现实生活环境交互作用下形成的。其特点主要有以下 3 点:

一是涉及面广、形式多样。网络作为一种新的生产生活工具,凭借其信息容量大、传输速度快、交互性强、多媒体、零距离、隐形化等特点和优势,深受大学生欢迎,"上网"已成为大学生的重要生活内容之一。

二是吸引力强、容易成瘾。网络本身的特点适合了大学生的心理特点,满足了大学生的心理需要,对大学生具有较强的吸引力。

三是影响力大、两面性明显。网络就像一条大河,挟裹着珍珠和泥沙翻滚而下,既传播文明又倾泻垃圾,既开启民智又制造蒙昧盲目。网络对大学生的影响是超民族、超国家、超阶级的。

7.1.3　网络文化的现状

网络文化的主要现状如下:

(1)网络文化建设的骨干力量初步形成

近几年,中央重点新闻网站影响力日益扩大,在网络文化建设中发挥了主力军作用。地方重点新闻网站积极做大做强,成为网络文化建设的重要力量。一批知名商业网站发挥优势、积极参与,为网络文化建设作出了贡献。

(2)网络文化产品供给日益丰富

党的十七大以来,各地致力于把博大精深的中华文化作为网络文化建设的重要源泉,积极推动优秀传统文化瑰宝和当代文化精品的数字化、网络化传播,推动网上图书馆、网上博物馆、网上展览馆、网上剧场建设,形成丰富多彩的网络精神家园。据统计,全国已经建成1 万多个文化信息资源共享中心和服务点。2011 年,国家数字图书馆工程在全国开展了首批实施的 15 个省级馆和 52 个市级馆推广工作。截至到 2016 年 6 月,国家数字图书馆数字资源保有量已达 560 TB。除了国家数字图书馆建设外,各地数字图书馆建设也蓬勃发展,目前全国已有 20 多个省级数字图书馆。

马克思主义中国化最新理论成果在网上广泛普及和传播。中国共产党新闻网覆盖全面、影响力日益扩大,《求是》《党建》等理论刊物实现网上同步出版,中国文明网的"红色中国"、新华网的"红色博客"受到网民普遍欢迎。有关部门策划开展了一系列大型网络文化互动活动,全国百余家网络媒体共同举办的"科学发展、共建和谐"、"我的奥运"、"我和我的祖国"等网络作品征集活动,吸引了数亿海内外网民参加,涌现出一大批主题鲜明、格调健康、形式多样的优秀文化作品。

网络文化产业迅猛发展,网络游戏、网络动漫、网络音乐、网络影视等产业迅速崛起,大大增强了文化产业的总体实力。2010年到2015年,我国网络广告市场始终保持约30%的年均增长速度。网络文学、网络音乐、网络广播、网络影视等均呈快速发展态势。持续扩张的网络文化消费催生了一批新型产业,同时直接带动电信业务收入的增长。截至2010年3月,我国已有各种经营模式的上市互联网企业30多家,分别在美国及我国香港、内地上市,进一步提高了网络文化产业的规模化、集约化、专业化水平。一批具有中国气派、中国风格的网络文化品牌和产品的影响力、市场占有率不断提高,形成了网络文化繁荣发展的良好局面。

(3)网络文化管理进一步规范

2000年以来,全国人大、国务院和相关部门先后颁布实施了相关法律法规,有效地规范了网络文化信息传播秩序,促进了网络文化服务质量和水平的提高。

(4)行业自律和工资监督成效明显

中国互联网协会和互联网新闻信息服务工作委员会充分发挥行业组织作用,制定了一批行业自律公约,加大督促力度,加强自律。

网络文化在我国取得了长足的进展,对社会主义现代化建设发挥了重大的积极作用,但是我国网络文化发展也同时面临着许多问题与挑战:①知识产权受到严重的侵犯。由于网络处于一种虚拟状态,网上大量的音乐、书籍、杂志多是免费的,没有支付版权费。网络文本的可复制性也致使知识产权的维护成为一大难题,而目前关于侵犯知识产权的行为也时有发生。②假消息充斥网络,网络游戏凶杀暴力非常突出,低俗恶搞流行,网络色情泛滥。这些已经成为阻碍网络文化健康发展的绊脚石。③敌对势力也在随时策划如何进行意识形态的渗透和干扰破坏我国社会主义事业的建设。

7.1.4 网络文化的分类

网络文化产业是在信息产业与文化产业、网络产业与内容产业的交融激荡中崛起的一个新的产业,国际上称之为数字内容产业或数字娱乐产业。从产业角度来看,网络文化产业可以分为两部分,一是传统文化产业的网络化和数字化,如数字图书馆、数字电影等;二是以信息网络为载体,形式和内容都有别于传统文化的新型文化产品,如网络游戏、移动短信等。

我们也可以从以下三层来对网络文化产业进行分类:一是物理层,如大家最熟悉的上网经营场所——网吧;二是中间层,即网络与传统文化产业结合产生的网络音乐、网络电视、网络电影、网络出版、网络广播、网络交易等;三是核心层,即原生态网络文化产业,如网络游戏、网络动漫、网络视频、博客、播客、闪客、网络信息资讯、用于网络沟通的网络聊天和电子邮件等。

7.1.5　人肉搜索与自组织理论

人肉搜索是指利用现代信息技术,综合人工搜索和机器搜索的优势,汇聚网民力量,通过你问我答的方式,搜索信息、发现真相的一种互助式、人性化的搜索机制。这是区别于机器搜索(即我们中国网民经常用的如百度、搜狗之类的搜索引擎)的另一种搜索信息方式。

人肉搜索经常和个人隐私相关连,也非常容易涉及法律和道德问题。所以,我们在互联网上不应该轻易地公布他人的隐私,这是对他人隐私的不尊重,同时也会使自己陷入法律纠纷。根据《最高人民法院关于审理利用信息网络侵害人身权益民事纠纷案件适用法律若干问题的规定》第十二条的规定,网络用户或者网络服务提供者利用网络公开自然人基因信息、病历资料、健康检查资料、犯罪记录、家庭住址、私人活动等个人隐私和其他个人信息,造成他人损害,被侵权人要求其承担侵权责任的,人民法院应予支持。

自组织理论是 20 世纪 60 年代末期开始建立并发展起来的一种系统理论,它的研究对象主要是生命系统、社会系统的形成和发展机制,即在一定的条件下,系统是如何自动地由无序走向有序,由低级有序走向高级有序的。组织是指一个内部存在有序结构的系统或这种有序结构系统的形成过程。

自组织理论主要由耗散结构论(主要研究系统与环境之间的物质与能量交换关系及其对自组织系统的影响等问题)、协同论(主要研究系统内部各要素之间的协同机制)、突变论(建立在稳定性理论的基础上,认为突变过程是由一种稳定态经过不稳定态向新的稳定态跃迁的过程,表现在数学上是标志着系统状态的各组参数及其函数值变化的过程)等组成。

人肉搜索是貌似无序实则有序的复杂系统,它在"没有外界的特定干预"情境下,在内在机制的驱动下,可以实现从简单走向复杂、从无序走向有序、从粗糙走向细致,因此可以说其具有自组织特征,主要表现为:系统开放但具有一定边界;远离平衡的动力机制;非线性;竞争中协同。

7.1.6　网络舆情分析与引导

1.网络舆情的定义和表现方式

舆情通俗地讲就是社情民意,是指社会各阶层民众对社会存在和发展所持有的情绪、态度、看法、意见和行为倾向。网络舆情是舆情的重要组成部分,是指媒体或网民借助互联网,对某一焦点问题、社会公共事务等所表现出的有一定影响力、带倾向性的意见或者言论。

网络舆情是指在一定的社会空间内,通过网络围绕中介性社会事件的发生、发展和变化,民众对公共问题和社会管理者产生和持有的社会政治态度、信念和价值观。它是较多民众关于社会中各种现象、问题所表达的信念、态度、意见和情绪等表现的总和。网络舆情形成迅速,对社会影响巨大。随着因特网在全球范围内的飞速发展,网络媒体已被公认为是继报纸、广播、电视之后的"第四媒体",网络成为反映社会舆情的主要载体之一。

网络舆情是社会舆情在互联网空间的映射,是社会舆情的直接反映。传统的社会舆情存在于民间,存在于大众的思想观念和日常的街头巷尾的议论之中,前者难以捕捉,后者稍纵即逝,舆情的获取只能通过社会明察暗访、民意调查等方式进行,获取效率低下,样本少而且容易流于偏颇,耗费巨大。而随着互联网的发展,大众往往以信息化的方式发表各自看法,网络舆情可以采用现代的技术手段获取,效率高而且信息保真(没有人为加工),覆盖面全。

网络舆情其表现方式主要为:新闻评论、BBS 论坛、博客、播客、微博、聚合新闻(RSS)、新闻跟帖及朋友圈等。

近年来,网络舆情对政治生活秩序和社会稳定的影响与日俱增,一些重大的网络舆情事件使人们开始认识到网络对社会监督起到的巨大作用。同时,网络舆情突发事件如果处理不当,极有可能诱发民众的不良情绪,引发群众的违规和过激行为,进而对社会稳定构成威胁。

2.网络舆情的分类

● 按内容分:政治性舆情、经济性舆情、文化性舆情、社会性舆情以及复合型性舆情等。

● 按形成过程分:自发性舆情和自觉性舆情。

● 按构成分:事实性信息和意见性信息。

● 按境内外分:境内舆情和境外舆情。

3.网络舆情的特点

①直接性。通过 BBS、新闻点评和博客网站,网民可以立即发表意见,下情直接上达,民意表达更加畅通;网络舆情还具有无限次即时快速传播的可能性。在网络上,只要复制粘贴,信息就得到重新传播。相比较传统媒体的若干次传播的有限性,网络舆情具有无限次传播的潜能。网络的这种特性使它可以轻易穿越封锁,令监管部门束手无策。

②随意性和多元化。"网络社会"所具有的虚拟性、匿名性、无边界和即时交互等特性,使网上舆情在价值传递、利益诉求等方面呈现多元化、非主流的特点。加上传统"把关人"作用的削弱,各种文化类型、思想意识、价值观念、生活准则、道德规范都可以找到立足之地,有积极健康的舆论,也有庸俗和灰色的舆论,以致网

络舆论内容五花八门、异常丰富。网民在网上或隐匿身份、或现身说法,纵谈国事,嬉怒笑骂,交流思想,关注民生,多元化的交流为民众提供了宣泄的空间,也为搜集真实舆情提供了便利。

③突发性。网络打破了时间和空间的界限,重大新闻事件在网络上成为关注焦点的同时,也迅速成为舆论热点。在当前,舆论炒作方式主要是先由传统媒体发布,然后在网络上转载,再形成网络舆论,最后反馈回传统媒体。网络可以实时更新的特点,使得网络舆论可以最快的速度传播。

④隐蔽性。互联网是一个虚拟的世界,由于发言者身份隐蔽,并且缺少规则限制和有效监督,网络自然成为一些网民发泄情绪的空间。

⑤偏差性。互联网舆情是社情民意中最活跃、最尖锐的一部分,但网络舆情还不能等同于全民立场。随着互联网的普及,新闻跟帖、论坛、博客、朋友圈的出现,中国网民们有了空前的话语权,可以较为自由地表达自己的观点与感受。但由于网络空间中法律道德的约束较弱,如果网民缺乏自律,就会导致某些不负责任的言论被传播,如揭人隐私、谣言、反社会、偏激和非理性的言论等。由于发言者身份隐蔽,并且缺少规则限制和有效监督,网络自然成为一些网民发泄情绪的空间。在现实生活中遇到挫折,对社会问题片面认识等,都会利用网络进行宣泄。因此在网络上更容易出现庸俗、灰色的言论。

4.网络舆情的监测与应对

随着网络舆论成为社会舆论的一种重要表现形式,网络舆情也逐渐对有关部门的决策产生了影响。但由于网络舆论是个"自由超市",加上内容"把关人"的缺席,网络舆论的局限性比起传统媒体环境中一般意义上的局限更甚。因此,必须对网络舆论信息进行有效的汇集以及整理,以作进一步的引导和控制。具体的实施措施如下:

①加强监测力度,密切关注事态发展。保持对事态第一时间的知情权监测预警能力的高低,主要体现在能否从每天海量的网络言论中敏锐地发现潜在的危机苗头,以及准确判断这种发现与危机可能爆发之间的时间差。这个时间差越大,相关职能部门越有充裕的时间准备,为下一阶段危机的有效应对赢得宝贵的时间。

②建立并完善公共危机的信息通报机制,规范、及时地进行信息披露,最大限度地满足民众的知情权。坚决制止在信息传递方面的欺上瞒下和报喜不报忧,提高政府在危机处理中信息的透明度,提高政府的公信力。

③部门联动,分工协作,共同营造文明健康的网络舆论氛围。领导要关注网络舆情;部门分工协作,各级互联网管理部门要落实专人适时监控网络舆情,给领导当好参谋。

网络舆情的监测与应对是一项长期的经常性工作,是网络信息安全的重要内容,一定要以高度的政治责任感和敏锐的政治洞察力认真做好这项工作,要防微杜渐,防患于未然,把不安定因素消灭在萌芽状态。

目前,网络舆情分析已经作为一个新兴的专业在大学开设,四川文化产业职业学院于 2012 年率先开设,成为该专业领域的开拓者和探索者。这是专门培养具有舆情监测和分析能力的高级技术人才的一个学科,为适应现代传播体系建设而开设的一个新兴专业。旨在培养适应网络舆情服务行业发展的,具有一定网络舆情信息检索、采集、抽样、统计、研判和应对的专业基础知识及市场开拓能力的,能适应互联网络传播环境下信息发展需求的,能在各级政府机关、企业单位的宣传部门、网信办、高校、媒介调查机构、文化网络传播机构、网络、手机、移动媒体等领域中的信息部、事业部、公关部、销售部等相关部门从事网络信息监测员、网络舆情助理分析师、舆情引导专员、舆情市场开发专员、企业信息管理员、信息采集员、网络编辑员、危机公关员、新媒体运营专员、公关策划员等多种岗位的高技能人才,为建设良好的社会舆情导向储备专业而优秀的人力资源。

7.2 计算机职业道德教育

计算机领域的相关职业有着自己与众不同的职业道德和行为准则,这些职业道德和行为准则是每一个计算机领域从业人员都要共同遵守的。

7.2.1 计算机职业道德概述

道德是一种社会意识形态,它是人们共同生活及其行为的准则与规范。顺理则为善,违理则为恶,以善恶为判断标准,不以个人的意志为转移。道德往往代表着社会的正面价值取向,起判断行为正当与否的作用。它以善恶为标准,通过社会舆论、内心信念和传统习惯来评价人的行为,调整人与人之间以及个人与社会之间相互关系的行动规范的总和。道德作用的发挥有待于道德功能的全面实施。道德具有调节、认识、教育、导向等功能。与政治、法律、艺术等意识形式有密切的关系。中华传统文化中,形成了以仁义为基础的道德。道德是社会矛盾的调节器。人生活在社会中总要和自己的同类发生这样那样的关系,因此,不可避免地要发生各种矛盾,这就需要通过社会舆论、风俗习惯、内心信念等特有形式,以自己的善恶标准去调节社会上人们的行为,指导和纠正人们的行为,使人与人之间、个人与社会之间的关系臻于完善与和谐。

职业道德是同人们的职业活动紧密联系的符合职业特点所要求的道德准则、道德情操与道德品质的总和,它既是对本职人员在职业活动中的行为标准和要求,同时又是职业对社会所负的道德责任与义务。它的涵义可从以下 8 个方面去理解:

- 职业道德是一种职业规范,受社会普遍的认可。

- 职业道德是长期以来自然形成的。
- 职业道德没有确定形式,通常体现为观念、习惯、信念等。
- 职业道德依靠文化、内心信念和习惯,通过员工的自律实现。
- 职业道德大多没有实质的约束力和强制力。
- 职业道德的主要内容是对员工义务的要求。
- 职业道德标准多元化,代表了不同企业可能具有不同的价值观。
- 职业道德承载着企业文化和凝聚力,影响深远。

不同行业有自己的职业道德标准。在计算机的使用中,存在着种种道德问题,所以各个计算机组织都制定了自己的道德规范,这就是我们所说的计算机职业道德。举例如下:

美国计算机学会(ACM)对其成员制定了《ACM 道德和职业行为规范》,要求其成员无论是在本学会中还是在学会外都必须遵守,其中几条基本规范也是所有专业人员必须遵守的:

- 为人类和社会做贡献;
- 不伤害他人;
- 诚实并值得信赖;
- 公正,不歧视他人;
- 尊重产权(包括版权和专利);
- 正确评价知识财产;
- 尊重他人隐私;
- 保守机密。

计算机道德学会成立于 20 世纪 80 年代,由 IBM 公司、Brookings 学院及华盛顿神学联盟等共同建立,是一个非盈利组织,旨在鼓励人们从事计算机工作时多多考虑道德方面的问题:

- 不使用计算机伤害他人;
- 不干预他人的计算机工作;
- 不偷窃他人的计算机文件;
- 不使用计算机进行盗窃;
- 不使用计算机提供伪证;
- 不使用自己未购买的私人软件;
- 没有被授权或没有给予适当补偿的情况下,不使用他人的计算机资源;
- 不窃取他人的知识成果;
- 考虑你编写的程序或设计的系统对社会造成的影响;
- 在使用计算机时,替他人设想并尊重他人。

法律是道德的底线,对计算机领域从业人员职业道德的最基本要求就是国家关于计算机管理方面的法律法规。我国的计算机信息法规制定较晚,目前还没有一部统一的《计算机信息法》,但是全国人大、国务院及其各部委等具有立法权的政府机关还是制定了一批管理计算机行业的法律法规,比较常见的如《全国人民代表大会常务委员会关于维护互联网安全的决定》《计算机软件保护条例》《互联网信息服务管理办法》《互联网电子公告服务管理办法》等,这些法律法规应当被每一位计算机领域从业人员所牢记并严格遵守。

7.2.2　计算机伦理与网络伦理

计算机伦理学(Computer Ethics):是对计算机行业从业人员职业道德进行系统规范的新兴学科,近年日益引起人们的关注和探讨。在国外,计算机伦理学这个概念被广泛使用。而我国学者萧成勇和张利认为计算机伦理学是对计算机技术的各种行为(尤其是计算机行为)及其价值所进行的基本描述、分析和评价,并能阐述这些分析和评价的充足理由和基本原则,以便为有关计算机行为规范和政策的制定提供理论依据的一种理论体系。

计算机伦理主要包括隐私保护、知识产权和盗版、计算机犯罪、病毒信息和黑客、职业伦理和行业行为规范等几个方面。

网络伦理(Internet Ethics):指人们在网络空间中应该遵守的行为道德准则和规范。

网络伦理学是随着互联网的出现而产生的,也是中外学者广泛使用的一个学科称谓。有学者认为,网络伦理学有广义和狭义之分。狭义伦理学是以研究计算机网络中的伦理问题为己任;广义网络伦理学则不仅研究网络中的伦理问题,也研究计算机网络引起的社会伦理问题。作为一门完整的学科,网络伦理学是研究计算机网络中的伦理问题以及计算机网络引起的社会伦理问题的一门应用性学科。网络道德是探讨人与网络之间的关系,以及在网络社会(虚拟社会)中人与人之间的关系问题的。在网络社会中,网络道德主要依靠一般的善恶观念和个人的内心信念为行为标准确定其内涵和外延。

网络伦理的问题主要包含:知识产权问题、个人隐私权问题、网络信息安全问题、信息污染问题、网络犯罪问题。

7.2.3　网络隐私

网络隐私(Internet Privacy)是指在互联网上有关涉及个人隐私的部分,网络提供商、内容商对于个人资讯进行储存、再利用、提供给第三方。网络隐私是数据隐私的一个小范围。

网络已成为人们在互联网上传播信息、进行社会交流活动的重要平台。国外的社交网站如 Facebook、Twitter、MySpace 等,国内如新浪微博、人人网、微信等都吸引了大量的用户。随着越来越多的用户通过网络进行信息交流与传播,安全问题正日益显现出来,通过网络收集和利用用户隐私信息变得更加容易;用户的隐私暴露的风险不断增加,用户个人权益遭受损害的可能性也不断增加。因此,网络中用户的隐私安全正成为一个亟待解决的问题。

社交网络中用户的隐私信息类型主要包括 4 个方面,分别是用户的个人信息、用户分享的信息、用户的人际关系信息以及通过数据挖掘所获取的信息。在社交网络的个人档案中,包括用户的身份证号、出生日期、电话、即时通信工具、电子邮件等诸多真实的个人信息,这些信息有可能被网络诈骗者利用,并以用户的名义获得服务或者访问个人网上银行账户等。通过用户分享在社交网站上的信息碎片,商业公司不但可以收集用户的手机号等普通信息,还可以推测出用户的消费倾向、婚姻情况、工作情况等涉及个人隐私的信息。黑客也可能利用用户分享的一些信息碎片,盗取用户的银行卡、股票和基金等账户。其实,即使不懂黑客技术,只要将某个人在各个社交网站和微博上的碎片信息进行简单拼接,任何人都可以轻松获得其隐私信息。通过用户在社交网络上的互动以及社交网站通过算法所做的好友推荐等功能,可以很容易地了解用户的人际关系网络。2012 年 3 月,Facebook 好友推荐功能就曾令一名美国男子的重婚行为败露,这从另一侧面也反映了社会网络泄露人际关系信息的风险。数据挖掘信息社交网络的快速发展产生了超大量的基于互联网的社交网络数据。社交网络中的海量数据隐藏着丰富的知识和巨大的商业价值,越来越多的机构和个人开发了各种社交网络分析方法和工具,对社交网站上的各种数据进行挖掘和分析。但是,通过数据挖掘等技术手段从大量注册信息、用户发表的信息中提取有价值的信息,就有可能获取用户个人在现实生活中的各种隐私信息,甚至能够了解用户的生活轨迹、生活习惯、个人爱好等,一旦这类数据被公开或不当使用,将给用户带来难以估量的损失。

为此,可以从网络本身、网络服务商、网络使用者三个方面提出一些措施来切实强化保护公民的个人网络隐私权:

①加强对网络本身的管理。要对网络信息进行限制,规定对网络信息的输入必须遵守国家法律、法规和政府的有关规定,不得损害国家的、社会的、集体的利益和公民个人合法权益,不得从事违法犯罪活动。

②加强对网络服务商的管理。网络服务商是互联网接入和相关服务的提供者。为了净化网络信息和保障网络安全,应明确规定网络服务商所应承担的一系列义务。

③加强对网络使用者的管理。禁止网络使用者在网络上输入和传递禁止性的信息,禁止利用网络进行违法犯罪活动,违反规定的应承担相应的法律责任。同时要求网络用户在服务商登记取得入网账户时使用实名登记,对未成年人则只能由其监护人依法取得的网络账户入网,监护人应对其使用情况进行监督,如果违反网

络管理规定,其监护人应承担相应的法律责任。

人们在互联网上活得越来越真实,尽管个人隐私在社交网站中存在着各种各样的风险,但仍然有越来越多的人乐于在网上分享自己生活中的点点滴滴。

7.2.4 计算机犯罪的立法

对于公安部计算机管理监察司给出的关于计算机犯罪(Computer Crime)的定义是:在信息活动领域中,利用计算机信息系统或计算机信息知识作为手段,或者针对计算机信息系统,对国家、团体或个人造成危害,依据法律规定,应当予以刑事处罚的行为。

广义的计算机犯罪:包括故意直接对计算机实施侵入或破坏,或者利用计算机实施盗窃、贪污、挪用公款、窃取国家机密或从事反动、色情等非法活动等。

狭义的计算机犯罪:仅指违反国家规定,利用技术手段故意侵入国家事务、国防建设和尖端科学技术等计算机信息系统,未经授权非法使用计算机、破坏计算机信息系统、制作和传播计算机病毒,影响计算机系统正常运行且造成严重后果的行为。

世界上第一例有案可查的计算机犯罪案例于1958年发生在美国的硅谷,但是直到1966年才被发现。中国第一例涉及计算机的犯罪(利用计算机贪污)发生于1986年,而被破获的第一例纯粹的计算机犯罪(该案为制造计算机病毒案)则是发生在1996年11月。

案例1:美国纽约银行EFT损失

1985年11月21日,由于计算机软件的错误,造成纽约银行与美联储电子结算系统收支失衡,发生了超额支付,而这个问题一直到晚上才被发现,纽约银行当日账务轧差出现230亿短款。

案例2:江苏扬州金融盗窃案

1998年9月,有两兄弟通过在工行储蓄所安装遥控发射装置,侵入银行计算机系统,非法存入72万元,取走26万元。这是全国首例利用计算机网络盗窃银行巨款的案件。

案例3:一学生非法入侵169网络系统

一位高中学生出于好奇心理,在家中使用自己的计算机,利用电话拨号上了169网,使用某账号,又登录到169多媒体通信网中的两台服务器,从两台服务器上非法下载用户密码口令文件,破译了部分用户口令,使自己获得了服务器中超级用户管理权限,进行非法操作,删除了部分系统命令,造成一主机硬盘中的用户数据丢失的后果。该学生被南昌市西湖区人民法院判处有期徒刑一年,缓刑两年。

计算机犯罪的特征和手段:

- 作案手段智能化;

- 作案隐蔽性强；
- 计算机犯罪复杂化；
- 发现概率低；
- 犯罪危害性大。

计算机犯罪的防范策略：

- 加强计算机道德和法制教育；
- 加强计算机的技术防范；
- 加强计算机安全管理；
- 健全和完善计算机安全立法；
- 建立健全的惩治计算机犯罪的国际合作体系。

计算机犯罪的立法：

- 国外计算机犯罪的立法。1973年，瑞典通过了世界上第一部计算机保护法律《瑞典国家数据保护法》。
- 国内计算机犯罪的立法。1994年，我国颁布了第一部有关信息网络安全的行政法规《中华人民共和国计算机信息系统安全保护条例》。

 【课后练习】

一、选择题

1.(　　)是指网络上的具有网络社会特征的文化活动及文化产品,是以网络物质的创造发展为基础的网络精神。

  A.网络文化 B.网络游戏 C.网络产品 D.网络聊天

2.从产业角度来看,网络文化产业可以分为两部分,一是传统文化产业的网络化和数字化,如(　　)、数字电影等。

  A.网络游戏 B.移动短信 C.数字图书馆 D.网络直播

3.(　　)是指利用现代信息技术,综合人工搜索和机器搜索的优势,汇聚网民力量,通过你问我答的方式,搜索信息、发现真相的一种互助式、人性化的搜索机制。

  A.百度搜索 B.搜索引擎 C.人肉搜索 D.网络搜索

4.随着因特网在全球范围内的飞速发展,(　　)已被公认为是继报纸、广播、电视之后的"第四媒体",网络成为反映社会舆情的主要载体之一。

  A.计算机 B.网络媒体 C.视频直播媒体 D.数字媒体

5.(　　)是对计算机行业从业人员职业道德进行系统规范的新兴学科,近年日益引起人们的关注和探讨。

A.计算机伦理学　B.计算机道德　　C.计算机职业道德 D.计算机舆情分析

6.(　　)指人们在网络空间中应该遵守的行为道德准则和规范。

A.网络准则　　　　B.网络法　　　　C.网络伦理　　　　D.网络舆情

7.网络隐私(Internet Privacy)是指在互联网上有关涉及(　　)的部分,网络提供商、内容商对于个人资讯进行储存、再利用、提供给第三方。

A.他人隐私　　　　B.个人隐私　　　C.所在单位隐私　D.家人隐私

8.(　　)是互联网接入和相关服务的提供者。为了净化网络信息和保障网络安全,应明确规定其所应承担的一系列义务。

A.网络服务商　　　B.网络用户　　　C.网络平台　　　　D.网络本身

9.世界上第一例有案可查的计算机犯罪案例于(　　)发生在美国的硅谷。

A.1990 年　　　　　B.1985 年　　　　C.1966 年　　　　　D.1958 年

10.广义的计算机犯罪:包括故意直接对(　　)实施侵入或破坏,或者利用计算机实施盗窃、贪污、挪用公款、窃取国家机密或从事反动、色情等非法活动等。

A.他人电子数据　B.计算机网络　　　C.公司电子数据　D.计算机

二、填空题

1._____是在信息产业与文化产业、网络产业与内容产业的交融激荡中崛起的一个新的产业,国际上称为数字内容产业或数字娱乐产业。

2.网络游戏、移动短信等是以_____为载体,形式和内容都有别于传统文化的新型文化产品。

3.我们可以从物理层、中间层、_____3 个层来对网络文化产业进行分类。

4._____是指在一定的社会空间内,通过网络围绕中介性社会事件的发生、发展和变化,民众对公共问题和社会管理者产生和持有的社会政治态度、信念和价值观。

5.网络舆情按构成可分为_____和意见性信息。

6.不同行业有自己的职业道德标准。在计算机的使用中,存在着种种道德问题,所以各个计算机组织都制定了自己的道德规范,这就是我们所说的_____
_____。

7.计算机伦理主要包括_____、知识产权和盗版、_____、病毒信息和黑客、职业伦理和行业行为规范等几个方面。

8.网络隐私是_____的一个小范围。

9.我们可以从网络本身、_____、_____3 个方面提出一些措施来切实强化保护公民的个人网络隐私权。

10.公安部计算机管理监察司给出的关于计算机犯罪的定义是:在信息活动领域中,利用计算机信息系统或_____作为手段,或者针对计算机信息系统,对国家、团体或个人造成危害,依据法律规定,应当予以刑事处罚的行为。

三、简答题

1.请从广义和狭义两个角度阐述网络文化的概念。

2.简述大学生网络文化的特性。

3.网络舆情的表现方式主要有哪些?

4.网络伦理的问题主要包含哪些?

5.简述计算机犯罪的防范策略。

第8章 计算思维综合实例

8.1 程序思维篇

应变,是以动态角度看问题,是把静态的情况插入时间因素所形成的阶梯画面,像放映一样反映事物的动态过程。程序是应变的系统化。程序化思维的意义在于:不同问题不同分析。

下面,以 C 语言为例,讲解程序思维的规划和实现。

C 语言是一种通用的、过程式的编程语言,广泛用于系统与应用软件的开发。它具有高效、灵活、功能丰富、表达力强和较高的移植性等特点,在程序员中备受青睐。它是最近 20 多年使用最为广泛的编程语言。

系统要求:Windows7 系统。

需用软件:VC++6.0。VC++6.0 是 Microsoft 公司推出的一个基于 Windows 系统平台、可视化的集成开发环境,它的源程序按 C++语言的要求编写,并加入了微软提供的功能强大的 MFC(Microsoft Foundation Class)类库。它是具有高度可视化的应用程序开发工具,不仅适合大型软件的开发,对于初学 C 语言和 C++的朋友来说,也是一个不错的运行工具。

注意:代码输入过程中必须是在英文半角状态下,不然会出现编译错误。

【实例1】 求 1+2+3+……+100 的和。

程序分析:选取 2 个变量分别控制数值的增加和求和。程序文件保存为"sum.c"。

源代码:

```c
#include<stdio.h>
void main( )
{
    int i,sum=0;
    for(i=1;i<=100;i++)
    {
        sum=sum+i;
    }
```

```
    printf("sum=%d\n",sum);
}
```

操作步骤:

①打开 VC++,如图 8.1 所示。

图 8.1　打开 VC++软件

②选择"文件"→"新建"命令,打开如图 8.2 所示的窗口。

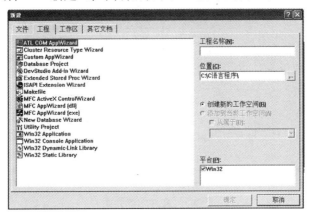

图 8.2　新建文件

③选择"文件"项,选择"C++ Source File"项,如图 8.3 所示。

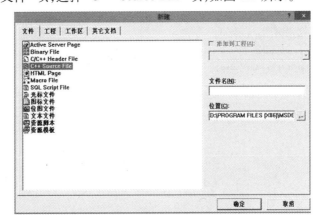

图 8.3　确定文件类型

④在"文件名"项目下输入"sum.c",如图 8.4 所示。

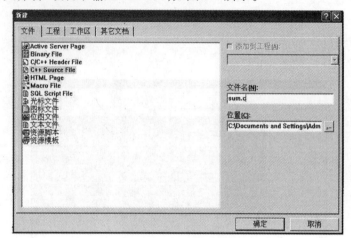

图 8.4　输入文件名称

⑤单击"确定"按钮,打开如图 8.5 所示的界面。

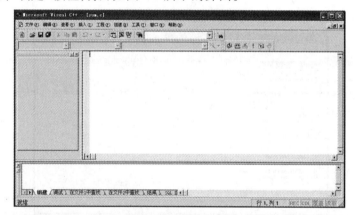

图 8.5　文件编辑界面

⑥输入源代码,如图 8.6 所示。

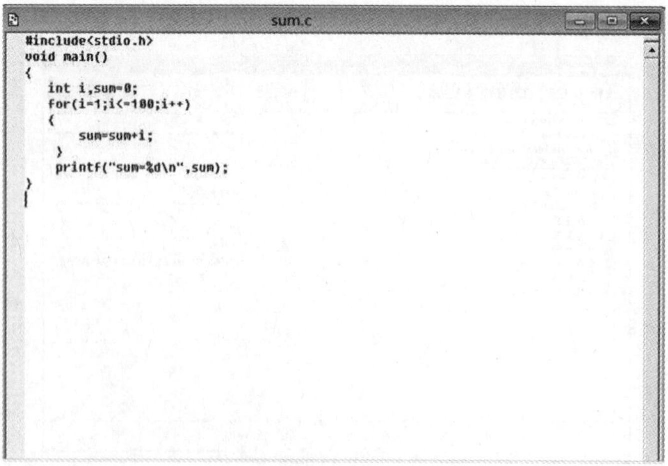

```c
#include<stdio.h>
void main()
{
    int i,sum=0;
    for(i=1;i<=100;i++)
    {
        sum=sum+i;
    }
    printf("sum=%d\n",sum);
}
```

图 8.6　录入代码

⑦选择"组建"→"编译"命令（或按 Ctrl+F7 组合键），如图 8.7 所示。在右下角的"组建"选项卡中将显示错误（Error）及警告（Warning）的个数，均为 0 表示没有错误，则可以运行程序输出结果。反之，根据提示修改源程序，直至没有错误为止。

图 8.7　编译及错误提示

⑧因为没有出现错误提示，所以选择"组建"→"执行"命令（或按 Ctrl+F5 组合键）即可出现运行结果，如图 8.8 所示。

图 8.8　显示运行结果

【实例 2】　利用条件运算符的嵌套来完成此题：学习成绩>=90 分的同学用 A 表示，60~89 分的同学用 B 表示，60 分以下的同学用 C 表示。

程序分析：（a>b)？a：b 这是条件运算符的基本例子。

源代码：

viod main( )

```
    {
        int score;
        char grade;
        printf("please input a score\n");
        scanf("%d",&score);
        grade=score>=90?'A':(score>=60?'B':'C');
        printf("%d belongs to %c",score,grade);
    }
```

操作步骤:

①新建文件,方法同实例 1 的步骤①—③,文件名为"scorelevel.c",并输入上述源代码。

②选择"组建"→"编译"命令(或按 Ctrl+F7 组合键),编译并查看错误提示。

③若没有出现错误提示,则选择"组建"→"执行"命令(或按 Ctrl+F5 组合键)即可出现运行结果。根据大家不同的输入值,则显示不同的成绩阶段。例如,输入 45,按回车键,则输出 C。输出结果如图 8.9 所示。大家可以任意输入数值,看显示结果是否满足要求。

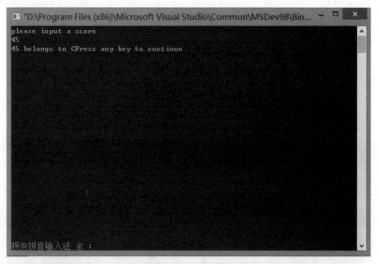

图 8.9　成绩段显示

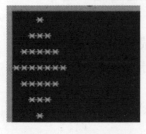

图 8.10　打印图案要求

【实例 3】　打印出如图 8.10 所示的图案。

程序分析:先把图形分成两部分来看待,前四行为一个规律,后三行为一个规律,利用双重 for 循环,第一层控制行,第二层控制列。

源代码:

```
void main()
    {
```

```
int i,j,k;
for(i=0;i<=3;i++)
{
    for(j=0;j<=2-i;j++)
        printf(" ");
    for(k=0;k<=2*i;k++)
        printf("*");
    printf("\n");
}
for(i=0;i<=2;i++)
{
    for(j=0;j<=i;j++)
        printf(" ");
    for(k=0;k<=4-2*i;k++)
        printf("*");
    printf("\n");
}
}
```

操作步骤:

①新建文件,方法同实例 1 的步骤①—③,文件名为"xingpai.c",并输入上述源代码。

②选择"组建"→"编译"命令(或按 Ctrl+F7 组合键),编译并查看错误提示。

③若没有出现错误提示,则选择"组建"→"执行"命令(或按 Ctrl+F5 组合键)即可出现运行结果,如图 8.11 所示。

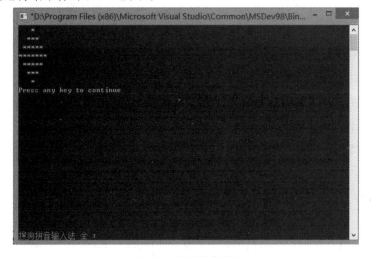

图 8.11 星形输出结果

8.2　逻辑思维篇

这个世界上的任何事物之间都存在差别,但同时又有着千丝万缕的联系。通过类比、归纳、演绎,对相关知识进行比较,不但构建了完整的知识体系,而且也发展了多极化的思维方法,从而就能够有效地促进思维的发展,克服思维定势。此外,任何事物之间都存在着共性与个性。通过思维引导感知一般与特殊的关系,就可以帮助自己树立具体问题具体分析的思维方式,培养自己灵活处理实际问题的能力。

运用各种方法,如分析法、观察法、类比法、归纳法、演绎法、递推法、倒推法、综合法等,有目的、有计划地训练人们的逻辑思维能力。

【实例1】　夜明珠在哪里?

一个人的夜明珠丢了,于是他开始四处寻找。有一天,他来到了山上,看到有3个小屋,分别为1号、2号、3号。从这3个小屋里分别走出来一个女子,1号屋的女子说:"夜明珠不在此屋里。"2号屋的女子说:"夜明珠在1号屋内。"3号屋的女子说:"夜明珠不在此屋里。"这3个女子,其中只有一个人说了真话,那么,谁说了真话? 夜明珠到底在哪个屋里面?

解答: 假设夜明珠在1号屋内,那么2号屋和3号屋的女子说的都是真话,因此不在1号屋内;假设夜明珠在2号屋内,那么1号屋和3号屋的女子说的都是真话,因此不在2号屋内;假设夜明珠在3号屋内,那么只有1号屋的女子说的是真话,因此,夜明珠在3号屋里内。

【实例2】　谁偷了奶酪?

有4只小老鼠一块出去偷食物(它们都偷食物了),回来时族长问它们都偷了什么食物。老鼠A说:"我们每个人都偷了奶酪"。老鼠B说:"我只偷了一颗樱桃"。老鼠C说:"我没偷奶酪"。老鼠D说:"有些人没偷奶酪"。族长仔细观察了一下,发现它们当中只有一只老鼠说了实话。那么下列的评论正确的是(　　)。

　　A.所有老鼠都偷了奶酪　　　　　　B.所有的老鼠都没有偷奶酪

　　C.有些老鼠没偷奶酪　　　　　　　D.老鼠B偷了一颗樱桃

解答: 假设老鼠A说的是真话,那么其他3只老鼠说的都是假话,这符合题中仅1只老鼠说实话的前提;假设老鼠B说的是真话,那么老鼠A说的就是假话,因为它们都偷食物了;假设老鼠C或D说的是实话,这两种假设只能推出老鼠A说假话,与前提不符。所以A选项正确,所有的老鼠都偷了奶酪。

【实例3】　为什么小张是A队的?

有一天,学校的学生在做游戏,A队只准说真话、B队只准说假话;A队在讲台西边,B队在讲台东边。这时,叫讲台下的一个学生上来判断一下,从A、B两队中选出的一个人——小张,看他是哪个队的。这个学生从 A 或 B 队中任意抽出了一个队员去问小张是在讲台的西边而是东边叫其中一个队员的人去问小张是在讲台西边还是东边。这个队员回来说,小张说他在讲台西边。这个学生马上判断出来小张是 A 队的,为什么?

解答:若这个人是 B 队的,则找到的人是 A 队的,那人会说在讲台西,而这个人会说在东;若这个人是 A 队的,找到的是 A 队的,会说在西,若这个人是 A 队的,找到的是 A 队的,会说在西;若找到 B 队的,他会说在西,结果还是说西,所以只要说西,这人一定是讲真话那一队的。

8.3 数据规划篇

Excel 办公软件自动集成了 VBA(Microsoft Visual Basic For Applications)高级程序语言,Visual Basic 是在 Windows 环境下开发应用软件的一种通用程序设计语言。使用 VBA 语言编制程序,并集成到 Excel 中,可以定制特定的、功能强大的 Excel 软件。

建立一个宏,方法有两种:一是用宏记录器记录所要执行的一系列操作;二是用 Visual Basic 语言编写。这两种方法各有优越之处,自动记录宏可以使用户在不懂 VB 语言的情况下也可建立自己的宏,但缺点是对于一些复杂的宏要记录的操作很多,而且可能有些功能并非是能通过现有操作可以完成的;自己动手编写宏则不必进行繁琐的操作而且能实现自动记录所不能完成的一些功能。

Excel 2010 中是禁用宏的,所以使用之前应该先进行设置。具体方法:在"文件"→"选项"→"信任中心"→"信任中心设置"→"宏设置"中,把"禁用"改为"允许"即可。下面,我们以录制一个设置标题"跨列居中"的宏为例,看看具体的录制过程:

①执行"视图→宏→录制宏"命令,打开"录制宏"对话框。

②在"宏名"下面输入一个名称或者使用默认名称均可,并设置好宏的保存位置。

注意:宏的保存位置有 3 种:当前工作簿——宏只对当前工作簿有效;个人宏工作簿——宏对所有工作簿都不得有效;新工作簿——录制的宏保存在一个新建工作簿中,对该工作簿有效。

③单击"确定"按钮开始录制。

④将设置过程操作一遍,完成后,单击"停止录制"工具栏上的"停止录制"按钮,宏录制完成。

有些宏需要对任意单元格进行操作,这时,请在操作开始前,选中"停止录制"工具栏上的"相对引用"按钮。

宏录制完成后,我们运行一下看看其效果如何:执行"视图→宏→查看宏"命令,打开"宏"对话框,选中需要运行的宏,单击"执行"按钮即可。

注意:如果在"录制宏"对话框中设置了"快捷键",就可以通过单击快捷键来运行相应的宏。

如果大家对 VBA 程序语言比较熟悉,直接编辑宏更方便,宏代码也更简单,操作步骤:

①执行"文件→选项→自定义功能区"命令,勾选"开发工具"选项,则出现"开发工具"选项卡,单击该选项卡,Visual Basic 编辑器出现在最左侧,单击该编辑器,进入"Visual Basic 编辑器"窗口。

②在左侧"工程资源管理器"窗口中,选中保存宏的工作簿,然后执行"插入→模块"命令,插入一个新模块(模块 1)。

③将相关宏代码输入或复制、粘贴到右侧的编辑窗口中。

注意:宏的结构是:

  Sub 宏名称( )

  相关代码

  End Sub

④输入完成后,关闭"Visual Basic 编辑器"窗口返回即可。